U0296221

"科学队长"少儿科普丛书

智趣分子（北京）教育科技有限公司策划

植物家族历险记

主 编◎科学队长

口 述◎钟 扬

扫一扫
听科学家讲科学

ADVENTURE

上海交通大学出版社
SHANGHAI JIAO TONG UNIVERSITY PRESS

内容提要

本书为"科学队长"少儿科普丛书之一,对应于"科学队长"音频节目《给孩子的植物历险记》,主讲人是著名植物学家、复旦大学教授钟扬老师。在52期的节目中,主讲人揭秘了一系列生活中孩子们熟悉而又极易迷惑的植物学科普知识,如为什么竹子是空心的?莲藕为什么有孔?为什么有的橙子上长着肚脐?等等,融图、文、声于一体,重视孩子科学思维的培养,语言亲切通俗,内容生动有趣,适合中小学生阅读。

图书在版编目 (CIP) 数据

植物家族历险记 / 科学队长主编 . — 上海:上海
交通大学出版社,2022.1
(科学队长)
ISBN 978-7-313-22958-8

Ⅰ . ①植 … Ⅱ . ①科 … Ⅲ . ①植物 – 少儿读物 Ⅳ .
① Q94-49
中国版本图书馆 CIP 数据核字(2020)第 031440 号

植物家族历险记
ZHIWU JIAZU LIXIAN JI

主　　编:	科学队长			
出版发行:	上海交通大学出版社	地　　址:	上海市番禺路 951 号	
邮政编码:	200030	电　　话:	021-64071208	
印　　制:	上海盛通时代印刷有限公司	经　　销:	全国新华书店	
开　　本:	889mm × 1194mm 1/24	印　　张:	9.5	
字　　数:	211 千字	印　　次:	2022 年 1 月第 1 次印刷	
版　　次:	2022 年 1 月第 1 版			
书　　号:	ISBN 978-7-313-22958-8			
定　　价:	66.00 元			

1970 年初春，因所上小学搬迁，我意外地成为一名小学插班生。从那时起，一套残缺不全的《十万个为什么》开始成为我小学阶段最喜欢的课外读物。在反复阅读和独自思索之后，我渐渐明白了一些条目，其中不少还牢记至今。这样一段自学科学的经历究竟给我的一生带来了什么影响呢？

我相信科学能深入儿童的心灵。在既没有学校科学课程，也没有家长指导和课外辅导的情况下，一个小孩子其实很难靠几本书来准确地了解科学道理。不过，书中那些遥远的故事及其承载的有趣知识会随着时间的推移，慢慢渗透脑海。在某个不经意的时刻或场合，那些似是而非的知识也许会与新的思想活动碰撞出火花，并以独特的科学气质展现出来。只有此时，长大的孩子才能真正体会到"春风化雨，润物无声"的人生意境。科学教师也会有相同的感受。几年前，有个电视节目组请一个近十年前听过我科普讲座的学生来谈体会，其中谈到那次讲座对他选择人生道路的影响那一段对我触动最大。

我相信科学能培养人们的探索精神。自然科学与社会科学的差异促使年幼的学习者也要将"动脑"和"动手"结合起来，才能摆脱"书呆子"的桎梏。记得我小学二年级时从书中读到了一点电池的知识，立即就将家里手电筒中的大电池倒出来，用铁钉打出小洞，再往洞内灌各种各样能找到的酸性液体。当我的母亲——一位中学化学老师看到那一堆废电池时，不但没有责怪我，还把我带到化学实验室去观摩实验课。最后，她带我去校办工厂参与汽车蓄电池用浓硫酸的稀释工作，彻底打消了我对剧烈化学品的恐惧，也激发了我学习化学的兴趣。至于在以后的高考中化学成绩名列前茅，反倒成了一项副产品。

在参与《科学队长》节目之前，我已热衷于青少年科普活动，包括为中小学生举行科普讲座，撰写和翻译科普著作，以及承担上海科技馆和自然博物馆的中英文图文版工作，等等。青少年科普是一项令人愉悦但费时费力的工作，对科学家本身其实也是一种挑战，绝非"没有时间"和"不感兴趣"那么简单。今天，我高兴地看到"科学队长"之类的科普活动大大增强了单一努力的效果，更乐于投身其中。

不过，我想告诉家长和孩子们，《科学队长》节目只是提供了学习科学的一个入口。听别人讲故事是快速了解科学概况的途径，但只有勤于思考和动手实验才是真正了解科学的不二法门。希望你们能在听完《科学队长》节目后，对身边的事物产生更强的好奇心，去思考更多，学习更多，这才是我们做科普的初衷。

永远的讲者
——忆钟扬

钟扬离开了,永远地离开了! 认识他的朋友、同事、学生和所有听说过他的人突然意识到,再也听不到他的声音了!

钟扬曾说: "教师是我最在意的身份。"的确,即使是要离去,他也是在去讲课的路上离去! 的确,他是我认识的老师中最优秀的一位老师!

一个好老师,一定充满智慧! 钟扬不是简单地做一名生物学家,而是一名把科学与自然及人生的真谛融会贯通的智者。在他看来, "先锋者为成功者奠定了基础,它们在生命的高度上应该是一致的。这就是生长于珠穆朗玛峰的高山雪莲给我的人生启示"。在他看来, "不是杰出者才做梦,而是善梦者才杰出"。我突发奇想,如果把钟扬的格言警句收集起来,编辑成像《论语》一样的经典著作,一定会成为后来者宝贵的精神财富。

一个好老师,一定幽默风趣! 钟扬的幽默早已植入他身体的每一个细胞,任何情况下他的表达都别有趣味。在一次西藏的野外考察中,他和学生都出现了严重的高原反应,学生要把插在自己鼻中的氧气管拔出给老师用,他赶紧抓住学生的手说: "别动,都这么大的人了,怎么这么不讲卫生,快点插回去。"他不仅给双胞胎孩子用植物命名,还别致地解释这种命名的意义: "一来花花草草多,植物志那么厚,想重名都难;二是不用动脑；再者，如果植物取名蔚然成风，会给分类学在社会上带来很大影响。"当我写到这里，即使是在这样一种悲伤的情景下，心里依然涌出一丝暖暖的笑意，就好似他没有离开，依然处在他的幽默"气场"下。我突发奇想，如果让钟扬做一个"脱口秀"的主持人，他的收视率很可能是中国第一啊！

一个好老师，一定通俗易懂！钟扬是真正的科普大家，他能够让外行很快捷、很轻松地就了解到复杂的科学知识，甚至能够点燃这些普通人对科学的兴趣。更难得的是，他的科普讲座即使内行听起来也趣味盎然，听即有获。观者若有时间，值得去点开广为流传的微电影《播种未来》，更应让你的孩子去学习他在科学队长平台主讲的节目《植物家族历险记》。我突发奇想，如果任命钟扬做自然博物馆的馆长，中国的科普事业一定会达到世界一流水平。

假如时间可以倒流，历史可以重来，我希望钟扬只选择做一件事——讲！讲知识，讲故事，讲笑话！在单位讲，到全国讲，去世界讲！他在尘世驻留的 53 年里，只讲了他要讲的很小一部分，但仅仅这一小部分就已经给了我们无尽的快乐。人应尽其才！钟扬，你的"讲才"远远没有得到充分的发挥！

如果有一天我也离开了，我一定要去找他，在挤满了仰慕者的大厅里，找一个小凳子静静地坐下，听他讲，听他永远讲下去！

中国科学院研究员：**吴家睿**

目录

01

睡莲就是睡着了的莲花吗?

扫一扫
听科学家讲科学

开门见山

夏天跟爸爸妈妈到公园玩，总能看到池塘里有各种颜色的水生花卉盛开，其中有几个水生花卉的名字大家一定不会陌生，那就是荷花、莲花和睡莲。那么，大家分得清哪一种是荷花，哪一种是莲花，哪一种是睡莲吗? 你们觉得荷花、莲花跟睡莲之间有区别吗? 睡莲真的是睡着了的莲花吗?

队长开讲　科学队长 Captain Science

小朋友们，今天我们聊一聊两种常见的水生植物，同时，也是常常被人混淆的两种水生植物——莲花和睡莲。

你们知道《爱莲说》吗? 没错，就是那首古文，文中有一句是"予独爱莲之出淤泥而不染"。这句话是在强调莲花的高洁，以及不与世俗同流合污的高尚品格。而莲花在我们国家有着悠久的栽培历史，又因为它具有许多优秀的品格，常常被人们写进诗词歌赋中。在这些作品中，莲花有各种各样的名字，比如"莲""荷""芙蕖""芙蓉""菡萏"等等。"莲花"或"荷花"这两个名字一直广泛使用，流传至今。所以现在我们常说的荷花或者莲花都是指的同一种植物，我们可以叫它"荷花"，也可以叫它"莲花"，没有差别。

在《中国植物志》中，植物学家选择"莲"作为莲花的正式中文名，并把它归属睡莲科莲属。

此时，我们就不得不提到另外一种睡莲科的水生植物了，它就是——睡莲。

　　长期以来，莲花和睡莲的关系都比较复杂，也一直存在争议。那么它们俩到底是不是一家的呢？睡莲就是睡着了的莲花吗？这两种植物都生长在水里，花的大小和姿态也有很多相似的地方。别说普通大众，就连大植物学家林奈，也以为莲花和睡莲是一家的，并把它们放在了睡莲属里。后来，有的植物学家觉得不对劲，莲花与睡莲在很多方面并没有那么像，于是把莲花从睡莲属分出来，独立成了一个属。但是，此时的莲花和睡莲还是有一定的关系，它们都是睡莲科的成员，还是一家的。

　　就这样，两百多年里，大家都比较认同莲花与睡莲是一家的。虽然其间也有不少人提出莲花与睡莲不是一家的说法，但是却没引起足够的重视。近些年，随着研究资料的日渐丰富，越来越多的学者开始接受莲花与睡莲不是一家的观点。最后，科学家通过最新的分子生物学的分类方法，终于证明了莲花跟睡莲不是一家的，于是将莲花独立了出来，并给它安了一个新的小小的家，叫莲科。

　　那么，既然莲花和睡莲不是一家的，为什么它们却长得那么像呢？

　　这是因为大家都生活在水里，生长的环境比较相似，为了适应环境，大家长着长着就慢慢地有些"夫妻相"了。在遗传学上，科学家把不同的物种为了适应相似的环境而长得相似的现象叫作"趋同进化"。那么，这两种花这么相似，我们要怎么才能区分它们呢？

　　首先，让我们观察一下它们的叶子，开花时莲花的叶子是高高地挺出水面的，像是水面撑着许多雨伞，所以又叫"挺水植物"（注意：莲花刚长出来的第一片新叶也会贴在水面，所以要以开花时为准）；而睡莲的叶子大多数是贴着水面长的，像是用叶片在水面铺了一张毯子，所以睡莲又叫作"浮水植物"。此外，莲花的叶子可是

睡莲

莲花

完整的一个圆，没有任何缺口，叶柄长在叶子的中间，有点像被风吹反过来的雨伞的样子。睡莲的叶子或大或小都有一个缺口，类似于一个心形，叶柄就长在缺口的位置。有时候睡莲叶子的缺口会重叠在一起，看起来也像一个“完整”的圆，不过，只要细看还是可以找到一条裂缝的。

接下来，我们来看看它们的花吧！莲花的花也是高高挺出水面的，花色多为红、粉、白、淡黄，没有蓝色和紫色；在花的中间有一个倒圆锥形的莲蓬，莲蓬周围长了许多黄色的细长的雄蕊，雄蕊的顶端有一个像火柴头一样的白色附属物。而睡莲在开花时，则相对靠近水面。睡莲的花色非常丰富，红、粉、白、黄、蓝、紫等各种颜色都有；在花的中间找不到像莲蓬一样的结构，花的雄蕊颜色也非常多，一般跟花瓣的颜色一样，形状长得也像花瓣，花药长在顶部两侧。睡莲雄蕊的数量很多，长在外面的雄蕊比较宽，向内一轮一轮逐渐变细，在雄蕊的顶端没有白色的附属物。

最后，我们再看看它们的果实。莲花的花开完之后，花瓣掉落，留下光秃秃的莲蓬。种子长在莲蓬上，一个个独立绽放。莲子成熟的时候是黑色的，如果没有人采收，莲子会在风的摇曳下掉入水中，等待萌发。而睡莲在开花结束后，便把头弯下水中，果实在水中成熟。睡莲果实属于浆果，果实里面充满了胶质物。其果实成熟时，果皮开裂，胶质物和种子一起从果实内溢出流到水中。每粒种子包藏在一个膜质囊内，随后膜囊分解，种子沉入泥土中。

好了，现在大家差不多可以分清莲花和睡莲了吧？那么，问题又来了，睡莲为什么叫睡莲呢？

大部分睡莲确实有"睡眠"习惯，一般是白天开放、晚上闭合，因品种不同，具体的开放和闭合的时间也不一样，有些是早上开放、中午闭合，有些是中午开放、傍晚闭合。一般一朵花会连续开三天，第四天就会睡着。而这些花是因为已经完成了授粉，不再开放，慢慢地沉入水里，等待果实成熟。当然，也有一些比较不听话的睡莲，喜欢"造反"，它们偏偏在晚上开放，白天闭合。

可是，你们知道吗？莲花也是会睡觉的哦！只不过，相对于睡莲，莲花显得比较"乖"，作息时间比较规律。它们一般早上4点多就开放，中午过后慢慢闭合。一朵花连续开三天，第三天不再闭合，第四天花瓣慢慢凋谢。

莲花和睡莲这些类似"睡觉"的现象都跟它们的授粉有关。掌握了这些规律，对园艺工作者培育新的品种非常有帮助。科学队长也希望园艺学家们不断努力，培育出更多莲花和睡莲的新品种，将我们这个世界装扮得更加美丽！

● 每期一问 ●

莲花睡着了会不会变成睡莲？

°多业 ：菜景棊釜

02
美丽又美味的蔷薇家族

扫一扫
听科学家讲科学

● 开门见山 ●

松软多汁的桃子，清爽甜脆的苹果，柔软甘甜的草莓，这些在我们看来几乎完全不同的水果其实有着非常相近的亲缘关系。它们都来自植物大家庭中的一个大家族——蔷薇家族。在享受着甘甜水果的时候，你们有没有想过，我们吃的水果的果肉，到底是由花朵的哪些部位发育而来的呢？下面科学队长将带你们走近蔷薇家族，从水果开始，重新认识一下那些我们无比熟悉的花花果果们。

● 队长开讲 ●

小朋友们，相信你们一定都听过"人是从猴子变来的"这句话吧？世界上所有的生物，按照经典的达尔文进化理论，都可以追溯到同一个遥远的共同祖先。而植物也如同人和猴子一样，相互之间有着非常复杂的亲缘关系，可能听起来非常不同的植物，在亲缘关系上却十分相近。今天，科学队长就带大家走近植物中的一个大家族——蔷薇科。

在谈及蔷薇家族之前，我们先聊一聊水果。相比于可能包含了根、茎、叶、花等复杂部分的蔬菜，现在我们常见的大部分水果，都是植物开花之后结出来的果实。但事实上，从植物的角度而言，"果实"依旧是一个相当笼统的概念。同样被称为"果核"，我们吃剩下来的"桃核"和"苹果核"究竟是不是相同的部分呢？或者说，对于桃和苹果，我们吃掉的部分，在它们还是一朵花的时候，到底是花的哪些部分呢？

要回答以上两个问题，我们首先要来看一下花的结构。以春季常见的山桃花为例。首先看花朵最舒展的花瓣，山桃花和蔷薇家族的很多花相似，有五个花瓣。从花瓣向外看，可以看见五个绿色的、小小的三角形，像叶片一样的结构包围保护着花瓣的基部，这五个小东西就叫作"花萼"；

图 桃花

从花瓣向内看，可以看到很多顶端带着小小的囊状结构的雄蕊，这些小囊未来会释放出花粉；而花朵的正中间，与雄蕊长相相似，但较雄蕊粗壮，并且顶端没有囊状的结构，它就是雌蕊。雌蕊可以分为三个部分：顶端丝状的柱头，下面略微膨大的子房，还有子房里面包裹着的胚珠。子房里

面的胚珠未来会发育成植物的种子，而它外面包裹着的其他结构就可能发育成果实。

那么，我们食用的果实在它们还是花朵的时候，到底是花朵的哪一个部位呢？下面，科学队长就从蔷薇家族中挑出几个例子细细地讲解。

既然我们以桃花为例，那么就首先来讲讲桃子。桃子便是一个由雌蕊的子房发育而来的果实。我们吃桃子的时候可以发现，桃子外表有一层带着绒毛的皮，中间是我们吃的具有丰富汁水的桃肉，内部还有一颗坚硬的桃

毛桃

核。如果用坚硬的锤子把桃核敲开，我们就会看到，桃核里面还有一个包裹着褐色薄皮的白色果仁。事实上，这个包裹着褐色薄皮的白色果仁才是桃子真正的种子，是由子房里面的胚珠发育而来的。而我们刚才说到的种子外面那层坚硬的桃核、美味的桃肉和带着绒毛的桃皮，都是由花朵

的子房壁发育而来的，在植物学里，它们由内而外分别被称为内果皮、中果皮和外果皮。而我们吃掉的桃肉和桃皮，事实上就是桃子果实的中果皮和外果皮。我们将这一类果实称为"真果"，而这里"真"的含义，便是在这一个果实中，我们吃掉的部分全部是由雌蕊的子房发育而来的。在蔷薇家族中，我们经常吃的桃子、李子、杏、樱桃、青梅等，都属于"真果"。

与"真果"相对应的便是"假果"了。把它们称为"假果"是因为在这些果实中，我们主要食用的部分不仅包含子房，还多多少少地包含花托等花朵的其他部位。这里就要讲到另一种我们非常熟悉的水果——苹果。我们所说的苹果的"果肉"，其实就是苹果花在结实之后膨大的花托。事实上，在苹果还是花朵的时候，我们就可以看到它们与桃花的不同了。苹果花可能并不十分常见，所以这里我们以苹果的一个亲戚——海棠为例。如果拿到一朵海棠花，你就会发现，虽然同样可以找到花萼、花瓣、雄蕊、雌蕊等结构，但是在它们的基部还有一个略微膨大的、像"小苹果"的结构，这个结构其实就是原本连接着花萼部分的花托延伸长大了，紧紧包围着雌蕊的子房。苹果花也是同样的，这个"小苹果"的结构，未来就会进一步膨大，生长成果实。

如果我们注意观察苹果，可以看到与苹果梗相对的位置，往往有一些黑黑的、毛刺刺的东西，其

图 海棠花

图 苹果

实这部分就是苹果发育过程中，苹果花残留的花萼、柱头等部分了。蔷薇家族中，苹果、梨，还有酸溜溜的山楂都具有这样的结构。

　　接下来，科学队长再来介绍蔷薇家族的另一种常见水果——草莓。与苹果相似，我们平常吃的草莓也是一种"假果"。红红的草莓表面缀着的一粒粒芝麻一样的小黑点，这些小黑点才是草莓真正的果实。讲到这里，有人可能会问："一颗苹果、一只桃子，都只是一个果实，那表面上长了这么多小果实的草莓，应该叫作什么呢？"

在植物学里，我们将草莓这类水果叫作"聚合果"。虽然其中包含了很多小小的果实，但最终我们吃掉的柔软的草莓，还是由草莓的花托发育而来的。

图 草莓

● 每期一问 ●

　　在这一期科学队长介绍的蔷薇家族水果中，哪些是"真果"，哪些是"假果"？

参考答案：桃子、李子、杏、樱桃、草莓都属于"真果"，苹果、梨、山楂都属于假果。

03

我们真的可以在家种出香蕉来吗?

扫一扫
听科学家讲科学

● 开门见山 ●

　　提到香蕉,相信大家对它都不陌生。大多数香蕉都弯弯的,身上有不太规则的棱。刚买回来的时候,香蕉的柄和棱角可能还有些绿,不仅皮不好剥,吃起来还特别硬。但只要有耐心,放上几天它们就会变得浑身金黄,特别香甜。那么,可以在自家阳台种出香蕉来吗?

● 队长开讲 ●　科学队长
Captain Science

　　香蕉是芭蕉科芭蕉属的一名成员,虽然大家不一定知道香蕉树长什么样,但相信你们都见过它的亲戚——芭蕉。芭蕉长得特别高大,叶子又长又宽,大大咧咧地四处伸展,除了地面上的主干之外,几乎看不到其他的"树干"。如果捡起一片掉下来的叶子,放在身边比一比,可能会比你们高出一大截呢。有趣的是,不止芭蕉和香蕉,所有芭蕉科的植物都是草本植物。在植物的世界里,它与木本植物相对应,我们常见的高等植物都可以分成这两类。简单地说,木本植物指的是樟树、杨树那些高大挺拔的"树",而草本植物则是我们常说的"草",比如水稻、茅草等。也就是说,香蕉和芭蕉其实都不是"树",只能算作特别高大的"草"。

　　那么,草本植物和木本植物有什么区别呢?它们的根本区别在于茎的组成。假如我们捡一根树枝,用力掐它一下,一般来说几乎不会留下太多痕迹;但如果我们找一根草秆,掐它一下,多半能够把它掐断，或者很容易在上面留下深深的痕迹。这是因为树枝里含有一种名叫"木质素"的物质，在木本植物较老的茎里这种物质非常多，它能让树枝更加坚硬、结实；而草秆表皮的主要成分则是纤维素，虽然它也比较强韧，但比起木质素来说就差得远了。另外，木本植物的茎里有一群不断平行分裂的细胞，它们分布在树皮下面，绕着树干和枝条的横截面围成一个圈，这个结构叫作"形成层"。有了形成层树才会在变高大的同时不断长粗，而竹子和茅草这类草本植物没有这个结构，所以它们只能越长越高，很难变得粗壮，总是细长细长的。

香蕉们喜欢丛生，也就是说它们喜欢好几棵一起扎堆、抱团，亲密地长在一起。它们的茎多数是匍匐茎，只能趴在地上，不能直立生长，茎上有小节，有时能看到节上长着"胡须"，这些"胡须"能够帮助香蕉吸收到更多的营养。假如有机会去香蕉林里参观，我们就可以给爸爸妈妈"科普"一下，地面上冒出来的那些可不是香蕉的根，而是它的茎！

香蕉有不同的"身高"，高大的种类能长到4～5米，矮小的种类还不一定能长到2米。所以，你们如果看到有比爸爸矮的香蕉，可不是因为它营养不良，人家可能天生就是娇小玲珑的品种呢！香蕉一次能结好几十个甚至上百个果实，

图 香蕉树

一大串一大串地挂在身上，特别壮观。香蕉的叶子非常大，一般呈长椭圆形，有 1.5~2.5 米那么长，宽能达到 60 厘米左右，再加上一截 30 厘米左右的叶柄，几乎可以拿来当被子盖。香蕉叶一般两侧对称，正面是漂亮的深绿色，比较光滑，而叶子的背面则是淡淡的浅绿色，假如我们伸手摸一摸，会发现香蕉叶背面有一层白色的粉末，可以很轻易地被手蹭掉。

　　到开花、结果的时候，香蕉先是长出一个巨大的、紫红色的"花苞"，随着时间一点点流逝，这个"花苞"上的"花瓣"会渐渐张开，露出里面一两个乳白色或者浅紫色的"花蕊"。其实，这个大"花苞"不是真的花，而是一个完整的花序，真正的花是那些躲在"花瓣"里的"花蕊"，这些"花蕊"里才有雌花，能发育成好吃的香蕉。而外面那些"花瓣"的真名叫作"苞片"，它的外面有白色粉末，挨着花的内面非常光滑，是十分漂亮的深红色。在雌香蕉树上，第一层苞片张开后，好心的昆虫会帮助里面的雌花完成授粉，一段时间之后，苞片脱落，里面的中轴变长，授

完粉的雌花就慢慢发育成香蕉宝宝，下一层的苞片再次张开，以此类推。而雄香蕉树上，苞片也会张开，但它们会一直待在中轴上，不会掉下来。

図 香蕉花

接下来我们来讨论一个有趣的问题：能不能在自家阳台种出好吃的香蕉呢？

很遗憾！要想像种花一样种出香蕉，尤其是跟市场上一样好吃的香蕉，是不太可能的。为什么呢？我们来好好分析一下。

首先，我们拿一根香蕉，咬一大口，看看它的横截面。运气好的话，应该能看到中间有些隐约的小黑点，有人说，这些"点"就是香蕉的"种

图 香蕉

子"。但只要仔细观察就不难发现，别说种了，要把这些"种子"弄出来都几乎不可能，有时候甚至连黑点在哪里都找不着，更不用说收集了。

事实上，即使能收集到这些"种子"并播到土里，也不能成功发芽，因为它们都没有完成发育，还称不上是"种子"。

很久很久以前，野生香蕉的果实里挤满了大量的种子，可以吃的部位不多，味道也不太好。于是，在长久的驯化过程中，科学家们发现，可以从它们的遗传物质下手。野生的香蕉遗传物质由两组一模一样的染色体组成。正常情况下，香蕉爸爸和香蕉妈妈各自拿出一半遗传物质，通过一种叫作减数分裂的方式放到花粉和子房的胚珠里，这样授粉时花粉和子房里的胚珠结合，发育成香蕉种子。也就是说，它们的后代也有两组染色体。突然，一个偶然的机会，一棵变异的野生香蕉出现了，它有四组染色体，在经过减数分裂以后，这棵香蕉产生的花粉里染色体变成一半，只有两组。周围的昆虫什么也不知道，照旧将这

棵变异香蕉的花粉授给其他正常的香蕉。这时会发生什么呢？有两组染色体的花粉与一组染色体的正常胚珠结合，长成有三组染色体的香蕉种子。有趣的是，长出来的种子也正常发芽、长大，结出漂亮的果实。但剥开果实一看，里面一颗种子也没有，剩下的全是可以吃的"果肉"！原来，虽然可以生长，但是这些特殊的香蕉无法产生新的种子，因为它们都有三组染色体，在减数分裂的时候，第三组染色体不知道该去哪里，没法产生正常的花粉和胚珠，它们都失去了产生后代的能力，被驯化成了常见的香蕉。类似的驯化手段还用在了培养其他无籽水果上，比如无籽西瓜。

总之，我们吃的香蕉都是不育的，因此，要想在家里种香蕉，多半是种不出来了。不过，香蕉作为一种优秀的水果，经常吃对我们的生长发育还是很有好处的哦！

• 每期一问 •

芭蕉科植物是木本植物，还是草本植物？

04

为什么有人不喜欢香菜的味道?

扫一扫
听科学家讲科学

• 开门见山 •

在我们的餐桌上,还有什么蔬菜能像香菜这样,有些人吃得津津有味,但有些人完全不能接受呢? 如果你恰好讨厌香菜,甚至坚决认为它是臭的,那么今天科学队长给大家聊的话题大概会让你大跌眼镜哦! 因为在植物学上,香菜的气味居然被称为"芳香气味"! 实际上,香菜所属的伞形科家族,几乎所有成员都有强烈的"体味"。那么,这种特殊的气味是从哪儿来的呢? 为什么有人喜欢,有人不喜欢呢?

• 队长开讲 • 科学队长

小朋友们,你们有没有发现,很少有什么蔬菜像香菜这样,受到两种完全不同的对待: 喜欢

香菜

它的人觉得它香喷喷的,吃什么都喜欢放一点; 讨厌它的人却认为,香菜的存在简直是毁了一盘佳肴啊! 不过,无论你属于哪一种,大概都会对下面这几个问题感到困惑吧? 香菜到底是香的还是臭的? 这种气味是从哪儿来的? 为什么有人喜欢也有人很不喜欢它的气味呢?

其实，香菜在中文中的正式名字是芫荽，是属于伞形科的一种植物。科学家们觉得，这种植物家族的花，形状就像雨伞一样，所以就叫它们伞形科啦！而伞形科家族的成员除了外形，还有一个共同点，就是它们通常都含有挥发油，这种挥发油里富含醛类物质和醇类物质，具有非常特殊的气味。如果你们恰好觉得它很难闻，那恐怕就要大跌眼镜啦！因为在植物学上，这种气味可是被称为"芳香气味"呢。而且这类香味成分具有

图 香菜花

很强的挥发性，经不起长时间的加热。所以，如果想要保留这种气味，我们就得在汤或者菜快要出锅的时候再加进去，或者等到菜出锅以后再放，这样就可以香味扑鼻了。

正是因为这种强烈的"芳香气味"，香菜成为被人类食用的历史最悠久的调味蔬菜之一。你们知道吗？香菜的原产地并不是中国，它是从国外引进的。虽然现在对香菜最早传入中国的时间还有争议，但是，大约 1 500 年前，在一本叫作《齐民要术》的书里，作者就已经开始手把手地教大家怎么种植香菜、怎么腌制香菜啦！因此，至少我们可以肯定，在北魏时期，香菜就已经上了中国人的餐桌了。大家也不要以为，香菜只是在咱们国家扎下了根，正因为它所具有的那种特殊香气，香菜在许多国家的菜肴里都扮演着重要的角色。当然，它也不是人见人爱的，不管在哪里，都有很多人无法接受它的气味。2012 年，加拿大的科学家发表了一项调查结果，说东亚人中有 21% 的人都不喜欢香菜，换句话说，每五个东亚人里，差不多就有一个香菜的反对者。所以，如

果你们不爱吃香菜，不要觉得自己跟别人不同，居然不喜欢这种"芳香气味"，也不用太勉强自己，毕竟还有那么多人和你们站在同一阵营呢！

那么，为什么有人觉得香菜的气味很奇怪，而有人却觉得它非常美味呢？原来，在人类的 II 号染色体上，有一个叫作 OR6A2 的基因，它和鼻子里的嗅觉感受器有关。如果这个基因呈现出某种特征，这个人很可能就不排斥香菜，而要是没有这种特征的话，他就很可能是个香菜反对者啦！注意，科学队长说的只是"可能"，因为除了基因，环境也会对我们的喜好产生影响，所以这并不是绝对的。除了 OR6A2 之外，还有三个基因也影响了人们对香菜的喜好，其中两个基因与苦味有关，另一个与刺激性气味有关。这些基因，和你们所处的环境，比如家里吃饭的习惯等，一起决定了你们是不是喜欢吃香菜。你们看，被妈妈说的"挑食"行为，背后还有这么多的科学道理。说到这里，你们是不是有更多问题想要问科学队长呢？其实，很多问题科学家们都还没找到答案，还等着你们去发现呢。

从香菜所属的伞形科家族来看，几乎每个成员都有强烈的"体味"。因为伞形科通常含有挥发油，香气浓郁。在咱们餐桌上常见的蔬菜中，伞形科家族的成员还真不少，比如芹菜、孜然、小茴香等。大家回想一下，这几种菜是不是都散发出一种与众不同的气味呢？咱们对待芹菜，就跟香菜一样，只吃它们的茎或者叶子；而对孜然和小茴香就不一样了，我们一般都是把它们的果实或者种子晒干、磨碎，当成调味料，来给食物增加香味。

说到这里，还有一种蔬菜不能不提，那就是胡萝卜。如果要给胡萝卜找一个同科的亲戚，可千万别把它和萝卜当成一家人呀。人家萝卜属于十字花科，而胡萝卜则属于咱们今天聊的伞形科。如果你们见过它们开花的样子，就一定不会把它们弄混淆啦。因为萝卜开出的花是"十"字形的，而胡萝卜的花是伞形的。不过，跟香菜和孜然不同，吃胡萝卜的时候，我们吃的既不是它的茎和叶，也不是它的果实和种子，而是它肥嫩的根。

△ 胡萝卜花

△ 胡萝卜

用这样的种子做成的。下次吃孜然羊肉的时候，你们可以跟小伙伴们讲讲这个有趣的知识哦。

　　总之，伞形科的成员有很多，而且，它们总是散发着特殊而强烈的气味，就算你们不喜欢香菜，可是它的亲戚芹菜、孜然、胡萝卜，哪个不令你们印象深刻？不管你们是喜欢香菜还是讨厌香菜，可以确定的是，它已经在咱们的餐桌上待了超过 1 500 年了，在数不清的美味佳肴里牢牢占据着自己的位置。

　　除了会散发芳香气味、会开出伞形的花外，伞形科还有一个独一无二的特点，那就是：它的果实会分成两个，两个果实会像灯笼一样高高悬挂在果炳上，科学家们称这种果实为"双悬果"。如果你仔细观察它们的果实就会发现：在每一根纤细的果柄上都悬挂着两个分果，就像在一根细竹竿的顶端挑着两个小灯笼似的；而每一个"小灯笼"上面，都可以数出五条棱，每一个"小灯笼"里面也都各有一粒种子。刚刚说到的孜然，就是

● 每期一问 ●

胡萝卜和香菜是同一个科的吗？

多是同科的。答案：是的。

05 为什么吃杧果会变"香肠嘴"？

扫一扫
听科学家讲科学

开门见山

每到杧果上市的季节，可爱的杧果们黄澄澄、香喷喷的，总是引得人们食指大动。不过，杧果其实是一种暗藏危险的美味诱惑，吃了它变成"香肠嘴"的人可不在少数。这究竟是怎么一回事呢？你们知道吗？腰果和开心果明明都是硬硬脆脆的小个子，可是它们俩和软软甜甜的杧果竟然是一家人！不仅如此，这些好吃的坚果和水果，还有一个能"生产"出生漆的亲戚——漆树。世界之大，无奇不有，咱们就来看看这些奇特的事究竟是怎样发生的吧！

队长开讲

小朋友们，今天咱们来聊一种让人又爱又恨的水果——杧果。如果你们住在我国的北方，那大约只有在超市或者水果店里才能见到它。可是，在广东、海南等温暖的地方，就连马路中间的行道树都很有可能出现杧果树的身影。每到杧果上市的季节，这些黄澄澄、香喷喷的家伙们，总是引得人们食指大动；一想到杧果汁、杧果布丁、杧果冰激凌，你们是不是迫不及待地想过夏天了呢？不过，不管你们有多么喜欢杧果，可千万别去采行道树上的杧果吃，因为一旦发现病虫害，园林部门随时都会在上面喷洒农药；而且这些树站在马路中间，从早到晚都吸着汽车尾气，果实早已受到了污染。其实，在杧果的美味诱惑背后，也可能暗藏着危险，吃了它就变成"香肠嘴"的人并不在少数。这究竟是怎么一回事呢？

杧果

在回答这个问题之前，科学队长要先讲解一个词：过敏。也许你们曾经听到过有人这样说"春天到了，我容易花粉过敏"，也有人说"我不能吃海鲜，因为我对海鲜过敏"……那到底什么是"过敏"呢？原来每当有外来的物质进入我们的身体，就会面临两种命运：第一种，人体自动地认为它是有用的或者无害的，那么，它也许会被我们的身体吸收利用，也许会被自然而然地排出；但是，另一种就没那么幸运了，它会被人体认为是有害物质，而咱们身体中的免疫系统，就好像一支警觉性很高的卫兵队，一遇到有害物质，就会立刻做出反应，把外来的坏蛋消灭掉。实际上，这正是"卫兵"在对咱们的身体进行强有力的保护呢！但是，"卫兵"的判断并不是每次都那么准确，有时候会将那些无辜的无害物质当成有害物质，拼命地进行攻击。而这样无端的攻击和破坏，就会对正常的身体组织造成伤害，反而影响了我们的健康。科学家把这种反常的攻击分成了好几种类型，其中的一种，反应很快，消退得也快。不管是花粉过敏，还是海鲜过敏，都属于这一种。刚刚我们说到吃杧果吃到嘴巴都肿了的人，其实就是身体过敏的表现。

杧果过敏是什么样子的呢？变成"香肠嘴"还不是最严重的，有些人整个脸都会肿胀起来，还会肚子疼、拉肚子；更严重的，全身都长起红红的疹子，甚至呼吸困难，那可是相当危险的！在我国的台湾岛，杧果在最主要的过敏食物中高居第四位；而在日本，杧果在食物过敏中的发生率高达 12.5%，换句话说，每十个食物过敏的日本人里，就有不止一个是对杧果过敏的。

那为什么有些人会过敏，而有些人却不会呢？原来，过敏常常发生在一些特定的人群中，这些人具有过敏体质。咱们可以这样来理解：这一类人，他们身体里的"卫兵"特别容易发生错误判断；而导致"卫兵"判断错误的对象也各不相同，不仅仅是杧果，花生、蚕豆，甚至灰尘……都有可能是引发过敏的原因。

假如你们天生对杧果过敏，那么，当你们第一次接触到杧果的时候，并不会马上就感到不舒服。可是，与此同时，身体其实已经悄悄地产生出了一种叫作"特异抗体"的小东西，它们静静地埋伏在你们的身体里，日积月累，直到某一天，你们再次接触到了杧果，"特异抗体"就会与它联合在一起，让你们的嘴变成"香肠嘴"。因此，过敏的发生有一个必不可少的条件，这就是必须要能够多次接触到同一种使你们过敏的东西。

那么对杧果过敏的人，不吃杧果就安全了吗？不得不很遗憾地告诉你们，那可不一定。因为在植物分类学上，杧果属于漆树科这个大家庭，它的亲戚们很可能也会让你们过敏。漆树科的这个"漆"字，正是油漆的"漆"。而漆树，虽然是杧果的亲戚，但它可不会像杧果树一样结出甜美的果实。不过，如果在它的树干上割一刀，就会流出天然的生漆来。我国是全世界生漆产量最大的国家，下次你们去逛博物馆的时候，可以特别留心一下"漆器"这种美丽的文物，它们就是用漆树上流下来的生漆涂抹而成的。漆树可以说一身都是宝，漆树的种子可以榨油做肥皂，果皮中可以取出蜡来做蜡烛，木材还可以用于造建筑……不过，就像它的亲戚杧果一样，生漆也很容易让人皮肤过敏。可见，这世上美好的事物常常充满着小小的遗憾。

其实，漆树科大家族里还有两个成员，科学队长猜想，大家对它们一定也不陌生，但是恐怕从来没有想到过它们会是杧果的亲戚吧？它们就是腰果和开心果。

就算你们经常吃腰果，然而，要是你们看见腰果长在树上的样子，恐怕也很难认出它来。你们会发现，腰果树上垂下一只一只肉嘟嘟的果实，形状有点像鸭梨，有的红，有的黄，看起来水分十足。其实，那只是假果，它们身上长着的那些弯弯的、硬硬的小东西，才是真正的果实呢，也就是我们吃的腰果。腰果的假果其实也很好吃，但是因为运输起来不方便，通常只有在腰果原产地的人们才能幸运地吃到。咱们一般能买到的零食腰果，都是已经蒸熟或者烤熟后去掉了壳的。而那些采摘腰果和为腰果去壳的工人，因为必须和生腰果亲密接触，所以手上和身上很容易长出疹子。如果把生腰果吃下去就更不得了了，因为它有毒。要是你们有机会看见生腰果，可千万别去碰它。

腰果

至于开心果，人家其实有个正式的名字，叫作"阿月浑子"。传说在很久很久以前，连秦始皇都还没有出生的时代，有一个外国皇帝，叫作亚历山大大帝，他带兵打仗的时候，来到一个荒无人烟的地方，能吃的东西都吃完啦，士兵们快要饿死了。这时候，他们忽然发现山谷中长满了开心果树，果子不仅可以吃，而且吃了还精力充沛。于是军队不仅没有被拖垮，还打了胜仗。

现在让科学队长来给大家总结一下：吃杧果变成"香肠嘴"，这是因为过敏的缘故；腰果和开心果虽然都是硬硬脆脆的小个子，但它们俩和软软甜甜的杧果其实是一家人；这些好吃的坚果和水果，还有一个不能吃的亲戚叫作漆树，它身上流出的汁液，就是天然的油漆。

● 每期一问 ●

天然的生漆是从哪里来的呢？

上期答案：漆树。

06 吃桃子需要削皮吗？

扫一扫
听科学家讲科学

●开门见山●

桃子的美味，连大名鼎鼎的齐天大圣孙悟空都无法抵挡。可是，这么诱人美味的桃子偏偏长了一身不那么讨喜的小毛毛，沾到哪里哪里痒。不过，这桃子毛可不是随便长的，它的作用大着呢！桃子还有变脸的本领，因为它富含花青素，遇见酸就变红，遇见碱就变蓝，可以说是天然的酸碱指示剂。"桃小食心虫"这个名字你们可能很陌生，但是如果发现桃子皮上有小黑点，你们就要注意了，这种小虫子很可能已经抢先享用了你们的桃子哦！

●队长开讲●　科学队长 Captain Science

桃子的美味，连大名鼎鼎的齐天大圣孙悟空都无法抵挡。因为他忍不住偷吃了王母娘娘的仙桃，才有了大闹天宫的故事。不过你们知道吗？早在2 500多年前，还有另一个由"吃桃子"引起的故事：两个桃子杀了三位勇士。桃子又没有毒，怎么能杀人呢？原来，一共就只有两个桃子，却有三位勇士要分着吃。桃子太美味，诱惑力太大了，于是他们三个纷纷拍着胸脯说："我的功劳比较大，桃子该给我！"勇士们争得面红耳赤，最后忽然发现："哎呀，我怎么能为了一个桃子，这样吹捧自己、贬低别人呢？"于是，三位勇士羞愧得不得了，全都拔出宝剑，自杀了。从此以后，就有了一个成语，叫作"两桃杀三士"。

如果这件事情发生在今天，咱们可以用科学的办法来妥善解决。比如：桃肉的成分中十分之九都是水分，如果把两个桃子都榨成桃子汁，再平均倒进三个杯子里，那么三位勇士就都可以品尝到桃子的美味，开开心心地干杯啦！

而且，比起直接啃桃子，喝桃子汁还有一个好处：不用担心桃子身上的小毛毛沾到嘴巴上。要知道，桃子那一身小绒毛，沾到哪里哪里痒，说不定还会让我们皮肤过敏，脸上冒出小红疙瘩。那么好吃的桃子，为什么偏偏长了一身给人带来

毛桃

麻烦的痒痒毛呢？这就要从桃子的结构说起了。

在吃桃子之前，必须先剥掉一层薄薄的桃子皮。在植物学上，这只是它的外果皮。既然有外果皮，那肯定还有内果皮吧？没错，当咱们啃光了桃肉，就会剩下一个皱巴巴的桃核，而这个桃核硬邦邦的外壳就是内果皮了。不要太惊讶，谁说果皮必须是软软的呢？桃子的内果皮就会硬化、变厚，最终就成了桃核外壳的模样。

那么，在外果皮和内果皮中间，那香甜肥厚的桃肉又是什么东西呢？这个问题的答案简单得不可思议：中果皮！也就是说啊，我们平时吃的桃肉，实际上是桃子的三层果皮之一。

在桃子的外果皮上，有一层特殊的小细胞，长成了毛茸茸的形状，它们就是桃子毛了。对于咱们来说，桃子毛很讨厌。但是，对于桃子来说，这层毛毛就非常重要

了。首先，桃子成熟的季节是夏天，毒辣的太阳很容易把娇嫩的桃子宝宝给晒伤，外果皮的外面长一层桃子毛，就像给自己撑起了一把小小的遮阳伞。

其次，如果你们把一个新鲜的桃子放在水龙头下面冲一下，就会发现：桃子毛茸茸的表面只会留下一些小水滴，甩一甩就干了。在自然界，这些桃子毛就可以避免雨水积存在桃子表面，帮助桃子保持干爽，不容易腐烂。可以说，桃子的这个毛茸茸的"遮阳伞"，还有雨伞的功能呢！

另外，桃子毛密密麻麻的，昆虫爬到上面就会觉得碍手碍脚，爬行速度明显下降。因此很多昆虫不喜欢在桃子上行走。而且，桃毛还容易导致过敏，所以吃桃毛的生物并不多。这样看来，桃子毛对桃子的保护可真是无微不至呢！

不过，世界上其实还存在一种不长毛的桃子，那就是油桃。这又是怎么回事呢？实际上，桃子长不长毛，是由基因控制的。油桃的表皮光滑发亮，一根毛也没有，却跟毛茸茸的桃子是一家人，这是因为控制长毛的基因发生了突变。油桃没有桃子毛保护自己，于是它的果皮只好形成一层像蜡一样的结构，也可以起到不错的防护作用。

油桃

桃子好吃，可是桃子毛却让大家伙感到烦恼。于是，有人就想出了一些去毛小窍门。比如，在洗桃子的水里加入一勺小苏打，桃子毛立刻就轻轻松松被洗掉了。可是，如果你真的这么做，就会发现桃子的表面发生了奇怪的变化——原先桃子是诱人的粉红色，现在却紫得发黑。这又是怎么回事呢？不用担心，这只是因为桃子的身体里天生就富含神奇的花青素。花青素有一个特点就是在酸性环境中呈现红色，遇到碱性环境就变成蓝色；而且，随着酸碱浓度的不同，颜色还会发生深浅变化。所以，桃子天生是粉红色的，而小苏打是碱性的，桃子里的花青素一遇到小苏打，就变得深蓝发紫了。

如果你们不介意桃子变色，那么，用碱水洗桃毛还是挺科学的。因为桃子皮里富含一种叫作果胶的物质，它在碱性环境中很容易分解；而果胶一旦分解，桃子皮的细胞壁就会变软，不光是桃子毛容易脱落，桃子皮也会更容易剥开呢。其实，制作桃子罐头的工厂，需要在很短的时间里帮成千上万个桃子脱皮，如果一只一只用手剥，那得剥到什么时候啊！所以，他们就会用碱水浸泡、机器脱皮的方法来给桃子"脱衣服"。

可是，一定要注意，桃子浸泡碱水的时间千万不能太长。因为时间一长，碱水就会深入桃子内部，不仅影响桃子的口感，还会破坏桃子肉里的营养成分。

曾经有一次，科学队长吃桃子的时候，发现桃肉香香甜甜、干干净净的，吃到里面才发现，桃核上竟然有个洞，而且好像还发了霉。你们有没有碰到过这种情况呢？如果碰到这样的桃子，说明它已经被小虫子抢先享用过了。

这种虫子特别爱吃桃子，而且个头非常小，它会在桃子没成熟的时候就钻进桃心深处，专门吃桃核。正是因为这些特点，它的名字也很形象，就叫"桃小食心虫"，我们也可以简单地称它为"桃小"。

"桃小"把桃核咬破，钻进去美美地吃起了桃核里面的脂肪。吃完之后就爬出了桃子，只在桃子皮上留下一个很不显眼的小洞。而桃子还在继续成长，这个小洞也会慢慢愈合，最后变成一个针尖大的小黑点。这样的桃子虽然外形看起来没有什么问题，可是"桃小"会一边吃，一边留下红褐色的便便，何况桃核已经破了一个洞，里面残留的脂肪也会发霉。就算你们觉得桃肉吃起来没有奇怪的味道，可是霉斑对人体是有危害的，所以如果你们在吃桃子的时候发现了"桃小"留下的痕迹，还是不要继续吃了。

现在让科学队长给大家来总结一下：桃子的果皮有三层，咱们吃的果肉其实是中果皮；桃子毛既是"阳伞"，又是"雨伞"，担负起了保护桃子的重任；桃子富含花青素，遇见酸就变红，遇见碱就变蓝，可以说天生就有变脸的本领呢！

● 每期一问 ●

我们吃的桃肉是桃子的哪个部位？

每期答案：中果皮。

扫一扫
听科学家讲科学

· 开门见山 ·

在大冬天里，手里捧着一根热乎乎的玉米棒是多么温暖、多么幸福的一件事啊。大家对玉米都很熟悉，可是你真的了解玉米吗？玉米需不需要蜜蜂来授粉？玉米的雌花藏在哪里？玉米棒上面那些"胡须"是什么结构？为什么有些玉米棒上面会有其他颜色的玉米粒？为什么玉米喜欢穿"和服"？让我们带着这些问题，跟随科学队长，重新认识一下玉米这位熟悉的陌生人吧。

· 队长开讲 ·

每次在吃玉米之前我们都要剥掉它们米黄色的外衣。这些衣服一层一层地交叠在一起，

就好像动画片里面日本女孩子穿着的和服。

玉米是一种大家都十分熟悉的食物，跟玉米有关的故事也很多很多。有一个叫《稻草人种玉米》的故事，不知道大家有没有听过？故事是这样的：有一个稻草人叫阿洛。有一天，阿洛捡到了一粒玉米粒，他想，今天我有一粒玉米种子，我把它种在土里，秋天就能长出一个玉米棒子，一个玉米棒可以收获上百颗玉米粒。第二年再把这些玉米粒种下去，就会收获好多好多玉米。这样下去，不用多长时间，就可以变成一个大富翁了。于是，他小心翼翼地把玉米粒埋进了泥土里，精心地照顾着它，每天都期盼着它快快长大。

而且，阿洛非常担心他心爱的玉米会受到伤害。于是他把来帮忙松土的小蚯蚓赶走了，把来帮忙抓蚜虫的七星瓢虫吓跑了，把来授粉的小蜜蜂打跑了。等到了收获的季节，在他满心欢喜等待着玉米棒结出硕大的玉米的时候，却发现他的玉米棒一粒玉米也没有，他的富翁梦就这样破碎了。你们是不是也很好奇，阿洛对玉米这么精心呵护，可为什么玉米却没结出一个果实呢？

其实，玉米是一种风媒传粉的植物。什么叫风媒传粉呢？就是很多的花粉飘散在空气中，在风的吹动下，有一些就会飞到花柱上，这样就可以完成授粉了，并不需要蜜蜂的帮忙。

在一株玉米苗上会长出两种花：一种是雄花，只会生产花粉，不会结玉米棒子，雄花长在植株的最顶上；另外一种是雌花，可以结玉米棒子，雌花长在下面，在叶子跟玉米秆中间。

大家一定会猜想，这是因为阿洛赶走了蚯蚓，没有蚯蚓松土，土地就会营养不良；他吓跑了七星瓢虫，让玉米上有了蚜虫，使玉米生了病；他还打跑了来授粉的小蜜蜂。难道这些都是玉米无法结出果实的原因吗？

玉米雄花

雄花

玉米的雌花由一层一层的"衣服"紧紧包裹着，我们是看不到它的小花的。那么，它是怎么样接受花粉的呢？如果大家见过新鲜的玉米，一定会发现玉米的头上长了好多细长的"胡须"，

⑤ 玉米雌花

这些"胡须"里面就隐藏着玉米接受花粉的秘密啦。原来每一根"胡须"就是玉米小花的雌蕊，有多少根胡须就有多少朵小花在里面。这些"胡须"从"衣服"里伸出来，这样就可以接触到空气中的花粉了。

这时，你们也许会问："玉米得生成多少花粉，才能让空气中充满花粉，让'胡须'可以接触到啊？"据科学家统计，有些玉米品种一株就可以散发 1 200 万粒左右的花粉粒。1 200 万粒是什么概念呢？如果你一粒一粒去数，一秒钟数一粒，每天不吃不喝不睡觉，差不多要连续数 139 天才能数完。

这么多花粉，如果一下子都散发出来了，一旦遇到大风或者大雨，那不是白白浪费掉了？不要担心，玉米还是很聪明的，它不会一下子就把所有的花粉散发出来，它会分成 7 ~ 9 天来散发，这样就算有几天天气不好，也不至于所有的花粉都"报销"了。

大家可能见过在一个玉米棒上面，会有几粒其他颜色的玉米粒，这又是为什么呢？原来玉米粒的颜色跟玉米花粉的来源有关。如果玉米的"胡须"接收到了紫色玉米的花粉，那一粒玉米就会长成紫色。玉米花粉散发到空气中后，可以被风吹得很远。如果在同一片玉米田里种有各种不同

花玉米

颜色的玉米，很有可能长出来的玉米棒上面就会有各种颜色的玉米粒，是不是很神奇呢？

那么，如果想种一片颜色比较纯正的玉米，在离这块田多远的地方才能种其他颜色的玉米呢？科学队长建议，最好在 300 米内不要种其他颜色品种的玉米，这样才能保证玉米的颜色比较纯正。换句话说，玉米的花粉飘到有三个足球场那么远的距离还有活力，只有超过了这个距离，这些花粉才会无能为力！

说到这里，大家应该也明白了，在《稻草人种玉米》这个故事里，阿洛赶走小蜜蜂，并不是玉米没有结玉米粒的原因。接下来，还有一个小问题。

玉米跟水稻是一家人，都是禾本科的植物。稻谷的外壳可以起到保护大米的作用，我们在食用大米之前，需要用机器把稻谷的外壳去掉；而在我们吃玉米的时候，只要把一层一层的"衣服"剥掉就可以看到玉米粒了。那么，玉米是怎么保护自己的呢？没错，这一层一层像日本和服一样的结构就是玉米保护自己的武器。它们用"衣服"把玉米粒藏起来，害虫就看不到营养丰富的玉米了。如果没有这些"和服"的保护，玉米早就被吃光光了。这就是玉米为什么喜欢穿"和服"的原因。

● 每期一问 ●

玉米需要蜜蜂来授粉吗？

○要需不：案答题问

08 你更喜欢红豆还是绿豆呢?

扫一扫
听科学家讲科学

● 开门见山 ●

我们吃的红豆,是"红豆生南国"中提到的红豆吗? 爷爷奶奶们常说绿豆不仅能解暑,还能解毒,这是真的吗? 你们知道红豆和绿豆长在豆荚里是什么样的吗? 有没有见过红豆和绿豆开出的小花呢? 下面跟科学队长一起,去探寻红豆和绿豆的奥秘吧!

虽然颜色不一样,红豆和绿豆却总被人们用来做相同的事情? 大家用它们来熬汤,做冰棒,做豆饭……如果你仔细观察就会发现: 红豆长一点儿,绿豆圆一点儿; 红豆稍微大一点儿,绿豆稍微小一点儿。可是总的说来,它们俩都是比小指甲盖儿还要小的小豆子,看起来还真是有那么点儿像,就像是穿着不同颜色衣服的姐妹俩。

● 队长开讲 ●

夏天到了,家里的冰箱里放满了好吃的雪糕。里面有红豆雪糕,还有绿豆冰棒,炎热的午后,吃上一根真是凉快! 那你们有没有发现,

红豆与绿豆

原来，咱们常吃的红豆和绿豆确实是亲戚，甚至真的可以算得上是好姐妹。因为在植物分类学上，它们不光都是豆科植物的种子，而且还都是蝶形花亚科豇豆属。

"蝶形花"之所以有这样的名字，顾名思义，当然是因为它们的花瓣都长得非常像蝴蝶。没错！红豆和绿豆都会开花，就连它们的花长得也很像，看上去都像是一只只黄色的小蝴蝶。而"豇豆属"这三个字就更好理解了，红豆、绿豆跟咱们吃的豇豆是同一个属的。如果你们没有见过红豆、绿豆躺在豆荚里的样子，那么，就请回忆一下豇豆吧！就像豇豆一样，只有剥开细细长长的豆荚，咱们才能看见里面一粒粒小小的红豆或者绿豆。

可是，它们俩毕竟还是两种不同的植物。要说到它们的区别，科学队长就先带你们来认识一下红豆吧。

一谈起红豆，你们是不是已经情不自禁地想起了"红豆生南国，春来发几枝……"？可是，诗里所说的红豆，到底是不是咱们今天说的可以吃的红豆呢？

这个问题，其实已经有不少科学家叔叔阿姨研究过了，符合这首诗的植物只有三种。第一种叫作相思子。它比花生米还要小一点儿，一半红一半黑，非常鲜艳，而且还硬得不得了。如果你们咬它一口，大概遭殃的不是它，而是你们的牙。不过，科学队长可不是要你们去咬咬看，千万要记住，相思子含有剧毒，千万不能放到嘴里！因为它颜色漂亮、质地坚硬，有人拿来做手链、项链，其实这也是很危险的。另外两种，一个是红豆树的种子，一个是海红豆，它们俩都是红色的，而且都很硬，所以，就像相思子一样，它们俩也经常被人拿来做首饰。不过，它们也有一定的毒性，佩戴起来依然需要格外小心。

那么，诗人赞美的红豆到底是上面的哪一种呢？很可惜，这个问题，至今还没有人能得出确切的答案。科学队长只能告诉你们，它一定不是红豆沙、红豆粥里的那个红豆。实际上，这么美味的红豆，真正的大名应该是赤豆。没错，就是"赤、橙、黄、绿、青、蓝、紫"的"赤"。

说到这里，不知道你们有没有注意过，红豆汤的颜色总是名副其实的暗红色，而绿豆汤却往往不是绿色的，也呈现出一种暗暗的红色，这又是为什么呢？实际上，这是因为绿豆的表皮里有一种特殊的物质会被煮出来，它一接触空气中的氧气，就会被氧化成红色。所以如果咱们在煮绿豆汤的时候加上盖子，煮出来的绿豆汤一定会比不加盖子时看起来更绿。而用纯净水煮出来的绿豆汤，又会比用自来水煮出来的更绿。因此，要想煮出碧绿的绿豆汤，秘诀就是：用纯水，加上盖！

等夏天到来的时候，如果你们还没有忘记这个小妙招，那就可以派上用场啦。等等，为什么非要到夏天？当然是因为夏天才特别流行喝绿豆汤呀。天气酷热的时候，人非常容易出汗，要知道，汗水可不仅仅是水分，它里面还有着我们身体里许多重要的矿物质。这个时候，如果你们只喝纯净水的话，那可是远远不够的。而小小的绿豆里，恰好富含多种矿物质，不仅可以迅速给你的身体补水，还能补充那些流失的矿物质。是不是没有想到，小小的绿豆竟然蕴藏着这么大的能量？

总有一些人说，绿豆不仅能解暑，还能解毒。甚至有些电视剧里还出现过这样的情节：当有人吃下毒药以后，迅速灌下一大壶绿豆汤，这个人就得救了。科学队长必须严肃地告诉大家：千万不要相信绿豆能够消解剧毒的传言。如果说绿豆真的有那么一点点解毒的功效，那只能是因为绿豆含有一定量的蛋白质，而这些蛋白质能够与一些有毒的重金属结合在一起，使它们无法被人体吸收，只能排出体外。可是，这种办法也只能针对肠胃中的一点点重金属而已。如果是其他的毒素，那绿豆可就帮不上忙了。就算恰好是重金属毒素，可要是已经进入了血液，或者分量比较大，那灌绿豆汤恐怕不仅没用，而且还会耽误时间。碰到这种情况，赶紧把中毒的人送到医院去才是当务之急！更何况，绿豆的蛋白质含量还比不上黄豆，所以，像这种所谓的"解毒"，就连豆浆都能比绿豆汤效果更好，而红豆的蛋白质含量比起绿豆就更不够看了。

现在你们明白了吗？咱们吃的红豆，并不是"红豆生南国"中提到的红豆，它真正的大名应该叫作"赤豆"。它和绿豆是同一个科、同一个属的姐妹俩，都长在细长的豆荚里，都开黄色小蝴蝶一样的花。不过，它们俩毕竟是两个不同的物种，不光长得不一样，蛋白质含量也不一样。要是你们没有掌握窍门的话，倒是很容易把绿豆汤煮成红豆汤的颜色哦。最后，绿豆能解毒，这种说法不科学，如果真的吃了有毒的东西，尽量保存有毒的食物，赶紧去找医生，才是富有科学精神的我们应该做的事。

• 每 期 一 问 •

好吃的红豆和绿豆，开出的花是什么形状的？

蝴蝶状。：案答考参

09

椰子：
大肚子里都是水

扫一扫
听科学家讲科学

开门见山

明媚的阳光，金黄的沙滩，蔚蓝的大海，手捧一个椰子，用吸管"咕嘟咕嘟"地吸着甜甜的椰子水……这简直就是梦中的假期。椰子是一种名副其实的"水"果，恐怕很难找到其他的水果能像椰子这样，肚子里装满了可以直接饮用的"水"吧？可是，你们有没有想过，为什么椰子圆圆的肚子里会装着这么多的水呢？椰子里面清凉又美味的水，是与生俱来的吗？

队长开讲

小朋友们，你们吃过椰子吗？还记得椰子长什么样子吗？没错，在椰子的大肚子里面，可全都是椰子汁。但这种水果可是很不常见的，你们也没吃过其他像椰子一样只有一肚子水的水果吧？想想看：明媚的阳光，金黄的沙滩，手捧一个椰子，用吸管"咕嘟咕嘟"地吸着甜甜的椰子水……真是想一下都会流口水。可是，你们有没有想 过，为什么椰子圆滚滚的肚子里会有这么 多的水呢？

图 椰子

曾经有这样一个笑话：有个人第一次吃小笼包，他很惊讶地问："为什么小笼包里面装着这么多汤汁呢？难道是像医生打针一样，用针筒打进去的吗？"哈哈，当然不是，在制作小笼包的时候，能够产生汤汁的材料就已经被包进了包子皮里。那么，椰子里面的水又是在什么时候装进去的呢？

要解答这个问题，科学队长必须先来讲一讲椰子的妈妈——椰树。椰树妈妈的身材特别高大，能长到15～30米呢，往少说，也有普通的六层居民楼那么高吧。平时说到"树叶"这个词，你们脑海中浮现的恐怕是和饼干差不多大小的一片叶子吧？可是，椰树的叶子非常长，足有三四米，

要是在家里竖起来，能碰到天花板呢。而椰树妈妈的宝贝椰子，可以长到我们的头那么大，有一两千克重呢。

🌱椰树

椰子们长在那么高的地方，又这么沉，万一掉了下来，岂不是很危险？没错，不止椰子掉下

来很可能会伤人，就连椰子树的叶子掉下来都曾经砸坏过车辆、砸伤过行人呢！作为一种热带植物，椰树在咱们国家很多炎热的地方都被种植在道路两边，每一年市政部门的叔叔阿姨，都要花很多时间对它们精心地打理，防止它们掉下来对树下的行人和车辆造成损伤。

如果你们没有生活在椰子的家乡，那么，平时在超市里看见的椰子，也许并不是完整的椰子哦。科学队长告诉你们，原本的椰子，身上会穿三层"衣服"，但是在长途运输的时候，为了避免占用太多空间，椰子们早已经被剥得干干净净，只剩下最里面的那一件"衣服"啦。

椰子身上的这三件衣服，可都是椰树妈妈给椰子宝宝们精心准备的，那它们分别是什么样的呢？

椰子长大成熟的时候，它最外面的那件褐色外套又薄又光滑，质地紧密得好像皮革，是一件非常结实的雨衣，不会让水轻易地渗透进去。

在这件防雨衣的里面，椰子还穿着一件又厚又松软的"皮草大衣"，这件"大衣"全是毛茸茸的纤维，这是因为，从那么高的树上掉下来，不只你们害怕，椰子宝宝也害怕呀，这件富有弹性的"皮草大衣"，就可以保护它掉在地上的时候不会破裂了。

椰子内部

而在最最里面，椰子宝宝穿的是一件"塑身内衣"，这件"衣服"的质地像骨头一样坚硬，十分不容易变形。咱们常常说的椰子壳，其实就是椰子最里面这一件衣服。

美味的椰肉和椰子水都藏在了这件"内衣"的里面，不过，它们的存在并不是为了让我们能品尝到椰子的美味，而只是为了给自己的胚提供养分。而胚，就是椰树妈妈真正想保护的东西，它是幼小娇嫩的生命体，未来将会成长为新的椰树。

刚开始，胚只有米粒那么一丁点儿大，可是当椰子发芽的时候，胚就会吸收椰肉和椰水中的养分，向外面长出根和芽了。

现在请闭上眼睛，想象一下它长成小椰树的样子：阳光，沙滩，海水，椰树林……咦，发现了吗？自然界的椰树常常是长在海滩上的。

说到这里，你们是不是已经猜出椰子水是干什么用的了呢？

让科学队长来证实一下吧。当椰子宝宝成熟的时候，就需要离开家，去开始自己的新生活。椰子从高高的椰树上掉下来，滚进大海里。不用替它担心，别忘了，细心的椰树妈妈已经给它准备了最好的旅行装备：它有结实的防水外套，充满空气的皮草大衣，坚固的塑身内衣，再加上那个大肚子，能够安全地在海面上漂浮好几个月呢！

最后，当它漂洋过海，终于遇到一片适宜的海岸时，就会在那里安家落户，成长为跟妈妈一样高大的椰树了。

旅程可能会很漫长，所以妈妈也没有忘记为它准备喝的——那就是封在椰子壳里面的椰子水了。也许你们会感到奇怪，大海里全是水，为什么还要额外准备水呢？那是因为，海水又苦又咸，脆弱的胚无法靠喝海水来生存。

请一定要记住，如果你们在海边感到很口渴，也千万不要喝海水！因为我们身体里的盐浓度只有海水的四分之一，而我们排泄盐的功能又很弱。因此，喝海水不但起不到解渴的作用，反而会造成人体脱水。更何况，海水中可不仅仅只有盐，还有许多的金属离子，你们的舌头和喉咙都会觉得很难受，还有中毒的危险。

当然，椰子水不仅能够为自己的胚提供养分，也非常适合人类饮用。它富含营养，可以给人类补充水分和多种矿物质，而且渗透压和电解质浓度都很接近人类的血液。在医疗资源极度匮乏的时候，甚至曾经有外国的医生，用椰子水代替生理盐水来给病人输液呢。不过，因为输液对消毒的要求很高，直接输入椰子水，很可能引起细菌感染。总之，除非万不得已，咱们还是乖乖地喝椰子水就好了。

如果你们以为，乳白色的椰汁饮料就是椰子水，那可就大错特错了。只有压榨椰肉，得到的才是乳白色的液体；而在椰子的大肚子里，天然的椰子水几乎是清澈透明的。

而且，并不是椰子越熟，椰子水就越好喝。别忘了，椰子水可是椰树妈妈给椰子宝宝准备的呀，所以椰子越成熟，内部的液体就会被胚吸收得越多，糖分也会下降，而人类能喝到的就越少了。换句话说，能插根吸管"咕嘟咕嘟"喝的椰子，其实都还是未成熟的椰子。

从三件各不相同的"衣服"，到营养丰富的椰子水，你们看，椰子圆圆的大肚子里不仅有美味，还装着满满的植物生存的智慧呢。

● 每期一问 ●

新鲜天然的椰子水是乳白色的吗？

10

百香果的花也是香的吗?

扫一扫
听科学家讲科学

●开门见山●

百香果是一种著名的热带水果,那么百香果真的能散发出一百种水果的香味吗? 百香果的花结构非常独特,由谁来完成为它们传粉的任务呢? 如果没有授粉昆虫,还能不能结出百香果? 百香果们究竟用了什么方法,减少了蝴蝶在它身上产卵呢? 下面就让我们带着这些问题,跟着科学队长一起走进百香果的世界。

百香果

●队长开讲●

科学队长
Captain Science

小朋友们,你们吃过百香果吗? 如果切开一个百香果,一股浓郁的香气就会扑鼻而来,那味道真是沁人心脾,好闻极了!

百香果,就是能够散发出香香味道的果实,但是它的身体里真的汇集了一百种香味吗? 其实并不是。"百香果"的英文名字叫作"passion fruit",因为"passion"的发音和中文的"百香"非常像,并且它确实能够散发出浓浓的香气,因此我们就把它叫作"百香果"了。其实，百香果还有另一个非常形象的名字——鸡蛋果。没错，因为它长得就像是一颗圆滚滚的鸡蛋，所以大家就把"鸡蛋果"这个形象又可爱的名字送给了她。

百香果在长大之后果皮是紫色的，因此，也有人给它起了另外一个名字——紫果西番莲。

百香果的故乡，在遥远的巴西南部，巴拉圭和阿根廷的北部也是它们生活的乐园。在 20 世纪 60 年代，百香果来到了我们的国家，在海南、福建、台湾等气候温暖湿润的地方生活了下来。百香果的身体里蕴含着丰富的汁液，因此，除了直接吃之外，我们还可以把百香果做成果汁饮料，它可真是名副其实的"果汁之王"。

除了可以制作成美味的果汁，百香果的种子因为含有丰富的油脂，还可以加工成食用油。百香果功能那么多，那么大家知不知道，百香果还有其他神奇的地方？接下来，我们一起来认识认识吧。

我们先看看百香果的花，它的结构非常奇特，除了果园会种植外，很多公园也会种植百香果供观赏。我们从正上方去观察百香果的花，会发现这种可爱的小花长得就像一个时钟，在顶上还有三个大分叉，就像是时钟的时针、分针和秒针。在下面还有一层一半紫色一半白色的表盘，这个表盘是由一丝一丝小花瓣组成的，就好像是给时钟画好了刻度。

百香果花

这个紫色的表盘长得很漂亮，主要目的是吸引昆虫来给它授粉，鲜艳的色彩像是一个广告牌，对小虫子们说："快来呀，我这儿有香甜的花蜜。"小蜜蜂看到这个色彩艳丽的"表盘"，就会嗡嗡嗡地飞过去。百香果的花蜜藏得很深，蜜蜂要把头钻进去才能采到。一般我们都认为蜜蜂是个勤劳的"好孩子"，在采蜜的过程可以帮助花儿授粉。可是，对于百香果来说，蜜蜂却成了一个不折不扣的"小偷"。那是因为蜜蜂的身子太小了，在采蜜的过程中不能接触到百香果的花粉，所以蜜蜂只会带走百香果的花蜜，却不能帮助百香果传粉。

那么，谁才是能够帮助百香果传粉的好伙伴呢？蜜蜂家有一个亲戚，叫熊蜂。熊蜂可不是一个"熊孩子"，它是一个勤劳的"好孩子"。它的身子比蜜蜂大很多，全身毛茸茸的，很像一只小熊，所以我们叫它熊蜂。熊蜂身上的毛毛像毛笔刷一样，可以把花粉粘在上面。百香果有五个很大的雄蕊，面是朝下的。当熊蜂把头钻进去采花蜜的时候，它背上的毛刚好能蹭到雄蕊上的花粉。它一边往里钻采花蜜，背上的毛毛就在雄蕊上蹭呀蹭，把花粉粘在身上。

百香果的雌蕊长在雄蕊的上方，大蜜蜂去采蜜的时候怎么能把花粉传到雌蕊上呢？原来百香果的花用自己的花粉给自己授粉是结不出果实的，所以熊蜂在给一朵刚开的花采蜜时，只会把花粉带走，传给另外的花朵。当原来那朵花花粉差不多被熊蜂带走后，它的雌蕊就成熟了，会往下弯曲，一直弯到跟雄蕊同样的位置。一只在其他花朵采过蜜的熊蜂飞过来采蜜时，还是像之前一样头往里面钻啊钻，背在雌蕊上蹭啊蹭，这个时候，它背上的花粉就会粘在雌蕊上面，百香果就可以完成授粉了，再过一段时间就长成紫色的百香果了。

那么，假如没有授粉昆虫来采蜜会怎么样呢？很遗憾，没有授粉虫子来采蜜，花朵可能就直接凋谢了，不会结果。但是，在印度的一个地方，没有合适的虫子给百香果授粉，百香果也能结果，这是为什么呢？

科学家们对这个问题也很感兴趣，于是专门对那个地方的百香果进行观察。他们发现，原来那个地方的百香果会自己给自己授粉。当没有授粉昆虫的时候，原来面朝下的雄蕊就会往上翻，把花粉朝上。当雌蕊成熟、柱头弯下来的时候，刚好就落到了雄蕊上面，雌蕊就可以粘到自己的花粉了，也就可以结出百香果了。

关于百香果用自己的花粉给自己授粉的现象，现在了解得还不是很多，其他地方也还没听说有这种现象，更多的秘密还有待科学家们进一步探索。

百香果的叶子还有一个特别的功能。它的叶子上有几个地方能分泌蜜汁，这些蜜可不是用来吸引熊蜂的。因为有一些蝴蝶喜欢在百香果的叶子上产卵，当蝴蝶卵孵化成毛毛虫之后，毛毛虫就会把百香果的叶子吃掉。如果百香果的叶子被吃掉，它就不能进行光合作用了。那怎么办呢？百香果知道小毛毛虫怕蚂蚁，蚂蚁会把毛毛虫搬回窝吃掉。于是，百香果就在叶片上好几个地方长了蜜腺，分泌蜜汁，这样就可以吸引蚂蚁爬到它身上吃蜜。因为每片叶子都有蜜，蚂蚁就会爬得整个植株都是。蝴蝶看到百香果身上有那么多蚂蚁，就不敢在百香果的叶子上产卵了。这样，百香果就可以保护自己，不会被毛毛虫吃掉了。

● 每期一问 ●

百香果的花从正上方看像什么？

参考答案：时钟。

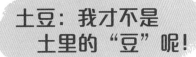

11

土豆：我才不是土里的"豆"呢！

扫一扫
听科学家讲科学

●开门见山●

土豆是四大主粮之一，既能当主食，还能做出花样繁多的美味菜肴，炒炖煎炸，样样美味。不过大家也都知道，绿色发芽的土豆是有毒的，千万不能吃。变绿和发芽为什么成了有毒的标志？土豆变绿了就一定不能吃吗？其实，不仅发芽的土豆有毒，和土豆同科的番茄、茄子也都会制造同样的毒素。对它们来说，这其实是一种巧妙的生存策略。下面就让我们来了解一下土豆身上有什么秘密吧。

●队长开讲●

掰起指头数一数，我们吃过多少种土豆做的菜？醋熘土豆、红烧土豆、油焖土豆、青椒土豆丝……太多了，一时还真数不清。土豆不光能做菜，还可以做成美味小零食。在麦当劳和肯德基，你们肯定吃过蘸番茄酱的薯条吧？坐在家里看电视，没准儿也会顺手撕开一袋薯片，嚼一嚼，咔嚓咔嚓，脆脆的。没错，这些都是土豆做的。哎呀，说着说着是不是都快要流口水啦？也许你们早已发现了，土豆不像辣椒、西红柿、苦瓜这些蔬菜，一个个辣的辣、酸的酸、苦的苦，性格十足。土豆看起来灰扑扑的，就像一坨土疙瘩，一点也不起眼。切开看看，里边的瓤有白的，有黄的，味道也是淡淡的，一副平凡又普通的样子。难怪人们要用油炸，还得放盐、放醋、放辣椒，给它增添各种风味。谁叫土豆从里到外，都一副土不拉几、默默无闻，天生小配角的样子呢？

可是，还真不能把土豆当成蔬菜王国中的一个小配角，它不仅不是配角，还是名副其实的主角呢！你们知道吗？我们国家已经做了一个非常重要的决定：要拿土豆当主粮。世界公认的主粮有小麦、水稻和玉米三种，而土豆紧跟其后，将成为第四大主粮。以后，我们的餐桌上会出现土豆馒头、土豆面包、土豆粉丝、土豆面条等各种花样的主食。土豆要从"菜"变成"饭"，从菜盘子走进饭碗，成为咱们赖以生存的粮食了。那么，土豆究竟有什么了不起，居然要从小配角摇身一变，成为光环闪亮的主角呢？

原来，土豆的营养不比大米、白面差。土豆里最多的营养物质是淀粉，这里面也含有不少维生素、蛋白质，营养很全面。同时，它的热量却很低。同等重量的土豆，热量不到大米和小麦的四分之一。拿土豆当主食，清蒸吃、水煮吃，可以帮助减肥。不过，可不要高温油炸，炸薯条或薯片时，土豆会吸很多油，吃多了还是会变成小胖子的。

今天，全世界人口已经超过了 70 亿，要是每秒钟数一个人，连续不断数下去，得足足 221 年才能全部数完。而每五个人中，就有一个中国人。没错，咱们国家可是一个超级人口大国。人口、人口，每个人都有一张口。张开嘴来要吃饭，还要好吃又营养。这可不容易，因为能拿来种粮食的土地和淡水都是有限的，而小麦、水稻和玉米的产量又很难再提高了。可土豆不一样，它特别坚强，不怕干旱，哪儿都能种，产量还特别高。因为可吃的部分埋在土里，病虫害少，也不用打太多农药。把土豆烘干、削皮，再磨成粉，这样即使放上 15 年，拿出来照样可以吃。万一碰上大洪水、大干旱或世界大战，只要有土豆，就不怕饿肚子。

不过，土豆虽好，可也有一点要注意：变绿和发芽的土豆又苦又涩，千万不能吃。要是不小心吃下去，轻则嘴里发麻，严重的话还得进医院。那么，这又是怎么回事呢？这就要从土豆的身世说起了。

土豆

土豆花

土豆叶

土豆块茎

豆其实叫阳芋，跟西红柿、茄子、龙葵才是亲戚。土豆开花结的果小小的、绿绿的，跟爸爸妈妈的拇指差不多大。切开看，里边的瓤就像没长熟的小西红柿一样。很多茄科植物都含有一种特殊毒素，名叫龙葵素，土豆也不例外。一旦发芽，土豆里的龙葵素就会升高 20 倍，只要吃下 25 克的发芽土豆就有可能中毒。

土豆这么憨实，怎么会变成全身带毒的小杀手呢？其实，这都是为了保护下一代。土豆的老家在南美洲，野生土豆最早是生活在海拔 3 000 多米的高山上的。那里非常冷，山脚下热得只好穿短袖，山顶上却要穿皮夹克、厚棉衣。一年到头刮大风，吹到脸上就像刀子割一样疼。偶尔下点雨，落到地上的水也会很快被大风吹干，所以气候很干燥。土豆生活在这样的地方，当然就练出了一身过硬的生存能力。为了给后代提供充足的营养，它把深埋在地下的茎变得特别特别肥大，就像一个个小仓库，用来储存宝贵的营养和水分。没错，这些小仓库其实就是整棵植物的块茎，也就是我们平时看到的那些圆滚滚的土豆，可别错

虽然土豆的名字里有个"豆"字，不过，土豆跟黄豆、绿豆、红豆等并没有多大关系，古人觉得它的叶子和豆科植物有点像，所以给它安上了"土豆"的名字。按照植物学的命名法则，土

把土豆当成果实噢。植物的果实里包裹着种子，而切开土豆是看不到种子的。

那么，土豆怎么生宝宝呢？这就要说到土豆的发芽现象了。土豆块茎上有好多芽眼，每个芽眼都能长出一棵幼苗。天气不好的时节，土豆就安静地躺在地底下睡觉。等春暖花开，太阳公公露出脸，土豆就抓紧时机赶紧发芽。可是，嫩芽一冒出头，就会引来各种掠食者。像野牛、骆马这些大块头，张嘴就能把土豆苗啃个一干二净。为了不让这些馋嘴的家伙吃光自己的小宝宝，土豆使出绝招：迅速制造出大量的龙葵素，让毒素遍布自己的全身！发芽土豆可以轻易毒死害虫，就算大块头的牛、马，吃了土豆芽也会全身难受。

不过，有个好消息是，咱们不用特别担心吃土豆会中毒。人类种土豆已经有 8 000 多年的历史了。祖先们一代代努力，从几千种野生土豆里挑出毒性小的一些品种，不断改良。今天菜场卖的土豆都是经过多年培育的品种，龙葵素含量比野生的低很多，没什么可害怕的。顺便说一句，土豆见光后，不但会发芽，还会合成叶绿素，所以发芽土豆常常是绿色的，就像绿色的叶子一样。叶绿素本身并没有毒，但是，如果你看到土豆变绿了，说明它正在发芽，里面的龙葵素也会越来越多。所以大家要记住，不能吃变绿和发芽的土豆，以免中毒。

要是家里的土豆真的发芽了，也不用急着扔掉。你们可以把发芽的土豆埋进花盆，浇足水，放在阴凉通风的地方，不久就能看到土豆苗绿绿的小脑袋了，这也是漂亮的小盆景哦。

● 每 期 一 问 ●

我们平时吃的土豆，属于植物的哪个部位呢？

参考答案：茎。

12 衣柜里的香味是哪儿来的?

扫一扫
听科学家讲科学

·开门见山·

有这么一类植物，它们会散发出香香的气味，做成箱子，能够经久耐用；做成药丸，能够驱虫防蛀；它们甚至还登上了我们的餐桌，丰富着各种菜肴的味道! 它们，就是樟科植物。从常见的行道树香樟，到调味瓶里的肉桂，它们都是樟科大家族的成员。那么，樟科植物为何会具有这样神奇的本领呢?

·队长开讲· 科学队长 Captain Science

你们有没有过这样的体验? 当打开家里放毛衣、大衣之类衣服的柜子时，也许会闻到一股奇怪的味道。这是什么气味呢? 问问你们的爸爸妈妈，他们肯定会告诉你们，这是樟脑丸的气味。

那么，为什么要在柜子里放樟脑丸呢? 这是因为家里会有一些可恶的小虫子，比如衣鱼、皮蠹（dù），它们平时喜欢藏在阴暗的角落里，趁大家不注意的时候，就会把衣服当作美餐来吃，好好的一件衣服，会被它们咬得千疮百孔，真是让人恨得牙痒痒呢! 不过，幸好这些爱吃衣服的小虫子有个弱点，就是害怕樟脑的气味，所以只要在柜子里放上樟脑丸，就可以把这些吃衣服的虫子赶走啦!

那么，这樟脑丸是哪里来的呢? 说起来你们可能不信，最早的樟脑，可是从我们马路边种的香樟树里提取出来的，是不是很有意思呢?

香樟树可以说是南方地区最常见的行道树了。它们外形高大挺拔，一年四季都穿着一身绿衣。不过，这并不是说香樟树的叶子不会落，每到春天，香樟树会集中落掉老去的叶片，但这个时候，嫩绿色的新叶已经生长出来了，所以香樟树看起来就好像一直是绿油油的呢！

如果捡起一片香樟树的叶子仔细观察，那可是很有特点的。摸一摸就会感觉到，香樟树的叶片很厚，硬硬的，表面还很光滑，就像人造革一样，

植物学家将这种叶片质地叫作"革质"，意思就是"像皮革一样"。此外，香樟树叶片上的脉络，也和其他树叶大不相同，它的中间有一条大叶脉，在这条大叶脉根部，还会分出两条小叶脉，因此香樟树的叶脉看上去，就跟一把具有三个齿的叉子一样，这在植物学上被叫作"三出脉"。这两个特征，是樟树大家族通常都有的。

香樟树

 香樟叶

　　如果把叶片揉一揉，就会散发出一种类似于樟脑的味道，这可是香樟树最典型的特征了！这种气味是怎么来的呢？原来，香樟树体内可以合成很多能够散发到空气中的物质，其中最多的就是樟树油和樟脑，这些物质本身就是樟树为了抵御啃食它的害虫而产生的。所以，如果用樟树制作箱子，本身就能够驱赶蛀虫，放在里面的衣物也不会被虫子啃食啦！而用它制作家具、建造房屋，也能保持很长时间不腐坏。如果把樟树的木头拿来蒸煮，得到的白色物质就是樟脑。将樟脑丸放在柜子里，也同样能达到驱虫的效果，这就是天然樟脑丸。当然，现在更多见的是用其他物质合成的人造樟脑，这样就不用砍伐香樟树了。

　　除了叶片以外，香樟树的果实也很有特点。每年春天，随着新叶的生长，香樟也会开出黄绿色的小花。但这些小花实在是太不起眼了，不仔细看，很难发现它们。不过，香樟的果实可就显眼多了。到了深秋时节，你们就能看到香樟树上挂满了黑紫色的像黑珍珠一般的果实。这些果实人可不能吃，因为咬一口就是一嘴樟脑的味道。不过，鸟儿们却十分喜欢吃这些果实。在秋冬缺少食物的季节，香樟的果实可是不少鸟儿的美餐。但这就会造成一种现象，这些果实被鸟儿吃掉后，会把鸟儿的粪便也染成黑紫色，所以在冬天，经常会看到路边的车上，有一团团讨厌的黑紫色的痕迹，这都是香樟的"杰作"啦。

　　香樟是樟科植物的主要代表，不过它主要以樟脑和行道树的形式出现在我们的生活中。还有两种樟科植物，它们可是我们餐桌上的常客，你们也肯定吃，它们就是肉桂和月桂。

看到这里，大家可能会问：为什么是"桂"呢？它们和桂花有什么关系吗？其实，在古代，"桂"字指的就是肉桂这种植物，而且特别要说明的是，它具有浓烈的香气。只不过在后来，由于桂花也带有浓浓的香味，"桂"字才张冠李戴地给了桂花。

肉桂的叶片，也同样是皮革一样的革质叶片。不过，我们通常利用的不是它的叶子而是它的树皮。肉桂的树皮很厚，人们将肉桂的树皮剥下来

△ 肉桂皮

晒干，得到的就是我们在厨房里看到的香料——桂皮。桂皮里含有一种叫作肉桂酸的物质，它具有一种特殊的香甜味。如果在煮肉的时候加一两块桂皮，就会让肉一下子带上一种又香又甜的滋味。当然，在做西餐时，人们通常是把桂皮磨成粉，做成桂皮粉来使用。在蛋糕、烤肉中撒一点肉桂粉，也会让食物带上肉桂那种特殊的风味。

肉桂算得上是我国原产的香料，而月桂则是不折不扣的"外国人"。月桂来自遥远的欧洲地中海沿岸，它也是鼎鼎有名的香料。人们主要使用的是月桂的叶片。将月桂的叶片采集后晒干，就是调料中干树叶一样的香叶了。在煮肉、炖肉的时候，加上几片香叶，做出来的食物就会有一种特殊的味道啦！

● 每期一问 ●

最早的樟脑丸是从什么树中提取出来的？

● 上期答案：香樟木。

13

黑土地里的白豆豆：花生

扫一扫
听科学家讲科学

● 开门见山 ●

"黄房子，红帐子，里面住着白胖子。"猜猜这是什么？没错，这个谜语的答案就是大家非常熟悉的"花生"。花生糖、花生饼、八宝粥，无论零食还是正餐，又香又脆的花生常常出现在我们的餐桌上。但花生却不是我国的"土著"，它是近200年才传入我国的。而且，不像豆角、玉米这样把果实结在地面上的植物，白白胖胖的花生其实都是结在土地里的。所以，不像"采"豆角、"掰"玉米，白生生的花生是需要从地里面"挖"出来的。这到底是怎么回事呢？

● 队长开讲 ●

"黄房子，红帐子，里面住着白胖子。"这个谜底是一种植物，也是我们经常会吃的一种零食。大家一定都已经猜到了吧？没错，它就是"花生"。

☞ 花生

现在，就跟着科学队长一起，结合这个谜语一层一层地"剥开"一颗花生吧！

我们吃花生之前，需要先剥掉的那两半带着网格的淡黄色的硬壳，就是我们谜语里头说的"黄房子"啦！这所"黄房子"其实就是花生的"果皮"。而"红帐子"，指的就是剥掉外壳之后，那一层紧紧包裹在花生仁外面的红色的纸一样的膜，八宝粥或是油炸花生，用到的花生经常也会带着这层红色的膜，它就是花生的"种皮"。最后的"白胖子"，当然就是我们平时吃的香喷喷、脆生生，又圆又胖的花生仁了，它其实是花生的种子。

花生花朵

花生叶片

花生各部位

花生果实

花生壳一捏就向两边裂成两半，露出中间的花生仁，大家有没有由此联想到另一种很好吃的蔬菜——豆角？青绿色的豆荚，里面包着圆圆嫩嫩的青豆。没错，花生算是豆子家族的远房亲戚呢。细心的大家会注意到，我们到市场上买回来的带着硬壳的鲜花生，通常会有一些黑色的泥土。这是怎么一回事呢？其实，花生又叫落花生，顾名思义，不像豆角、玉米这样把果实结在地面上的植物，白白胖胖的花生都是长在土里的。所以在采摘果实的时候，我们会说"采"豆角，"掰"玉米，但是提到花生，都是说"挖"花生。

那么，问题来了！大家都知道，桃树、苹果树，它们都是要先开花，然后才能结出果实。可是花生娇嫩的花朵显然不可能开在黑黑的泥土里，那么，花生的果实又是怎样跑到"地底下"的呢？难道不需要开花，花生就能够长出来吗？这当然是不可能的啦！其实花生能够健康茁壮地长出来，要归功于花生花朵里一个特殊的结构——果针。原来，花生的花也是开放在地面上的。在完成受精之后，花瓣就凋谢了。这个时候，花生的子房，也就是未来将会长成的"小花生"，顶端会变得又硬又尖，像缝衣针一样。我们把它和它下面的子房柄，也就是以后会发育成花生梗的部位，叫作"果针"。花谢之后，位于果针后面的子房柄会加速生长，一直把顶端的子房推送到花生根附近的土地里，这个时候，"果针"一边可以顶破坚硬的泥土，一边也可以保护好里面未来的花生宝宝。在"果针"深入泥土之后，花生果实就会在土壤的保护下静静生长：花生叶片源源不断地将通过太阳光合成的养分输送给果实，让果实慢慢长大。等到了收获的季节，我们就可以带上铁锹，从地里挖出一串串的花生豆了。

图 花生豆

现在可能有人会问：如果花生的"果针"没有深入泥土里，花生会不会在地上结出果实呢？告诉你一个秘密，花生的果实可不是热爱阳光的家伙，它们更喜欢生活在黑暗的环境中，因此只有在黑暗的条件下才能生长。如果果针没有深入泥土里，它们就会在中途枯萎，不能长成果实。科学家推测，花生会像这样钻进土里，很有可能是在很久很久以前，花生的祖先们发现它们的宝宝在地面上生活太危险了，而这些危险可能是狂风暴雨，也有可能是会偷吃花生宝宝的虫子。有一天，某个花生曾祖爷爷因为基因突变学会了钻进土里，它的宝宝比留在地面上的其他花生更安全，于是花生宝宝就很轻松地成长了起来，并且生下越来越多也能钻进地里的儿孙，就这样一代又一代，花生就演化成了现在这种样子。

再给大家讲一个关于花生的小故事吧。现在的花生巧克力等各种小点心里会带着花生碎，过节时的常备坚果也少不了花生，花生似乎已经成了我们餐桌上的常客，但事实上花生并不是我国的"原住民"，而是来自遥远的南美洲大陆。你们知道是哪里吗？就是足球很厉害的阿根廷队和巴西队球员的故乡。和马铃薯一样，花生也在哥伦布发现美洲大陆之后，跟着远洋船只漂泊而来，一直漂到了我们的餐桌上。

今天，科学队长从一个小小的谜语开始，分别介绍了花生的果实和种子。我们还知道了"落花生"这个名字的由来：花生其实是一种在地上开花、地下结果的神奇植物，而且花生只有在黑暗的地下才能结出一串串果实。花生的家乡在遥远的南美洲，直到近 200 年前才逐渐走进我们的生活。你们记住了吗？

● 每期一问 ●

花生为什么又叫"落花生"呢？

参考答案：因为花生是一种地上开花、地下结果的神奇植物。

14

洋葱为什么总惹人流眼泪？

扫一扫
听科学家讲科学

开门见山

洋葱被誉为"蔬菜皇后"，独特的滋味令人印象深刻。不过，更让人难忘的还是切洋葱的时候，那种辣得让人"热泪盈眶"、睁不开眼睛的感觉。洋葱不仅气味独具一格，长得也与众不同。洋葱长得圆滚滚的，穿着一层又一层的衣服，剥开一层还有一层，而且环环都是同心圆，剥到最里边，咦，底下那个干瘪瘪的小盘子才是洋葱茎？那么，胖嘟嘟的洋葱瓣究竟是植物的什么器官呢？

队长开讲

洋葱，洋葱，一听这个"洋"字，很多人就会猜啦，这个家伙该不会是外来移民吧？没错，

人类吃洋葱已经有7 000多年历史了，而最早种洋葱的是古埃及人。早在5 000年前，修建金字塔的能工巧匠们就经常吃洋葱了。洋葱的味道独特，不仅长得快，而且容易保存，在阴凉的地方放几个月都不会坏。洋葱长得也非常有意思。外边看，圆滚滚的，像小气球；竖着剥开，一层包着一层；横着切开，一圈套一圈，都是完美的同心圆。在埃及人眼里，圆形，没有起点也没有终点，象征着永恒的生命。洋葱长这么圆，没准它身上就藏着永生的秘密呢。因此，埃及人不但大口吃洋葱，还把洋葱片放在木乃伊的眼皮底下，指望洋葱使出神奇魔力，把死者送进天堂。

🤚 洋葱

当然，洋葱并不会魔法，也没有蕴藏着永生的秘密。不过，它的营养确实非常丰富，而且味道也不错。能炒鸡蛋、能炖肉，能做泡菜、能榨汁，生熟不忌，荤素百搭，味道清新，还有一点点甜，所以大家都亲切地称它为"蔬菜皇后"。不过，想要亲近这位"皇后"还真不容易，因为一动刀子切洋葱，哎呀，那滋味，又辣又爽，就算铁汉子也会被辣得热泪盈眶。这是为什么呢？

原来，在洋葱细胞里有两种特殊物质，一种叫蒜氨酸，一种叫蒜氨酸酶。它们俩平时隔着一层薄薄的细胞膜，互不相见，相安无事。蒜氨酸本身并没有味道，但当洋葱被切开，细胞膜就破

掉了，蒜氨酸遇见了蒜氨酸酶，立刻就会发生化学反应，产生一种新物质——蒜素。蒜素不仅臭臭的，还会跟着空气跑到我们的眼睛里。眼睛受到了蒜素的刺激，就会赶快向大脑发出求救信号，大脑收到求救信号，立即通过神经系统向我们眼角的泪腺发出命令："快！快！开闸放水，把这些臭臭的东西冲走！"于是，切洋葱的时候就会出现泪流满面的情景啦。我们常吃的大蒜也一样。吃完洋葱、大蒜，嘴里有时会臭臭的，其实这就是臭臭的蒜素在起作用。科学队长还要告诉你们一个小秘密：一般来说，紫皮洋葱的味道更重些。

吃起来美味但切起来受罪的洋葱，让人又爱又恨。不过，蒜素其实是个好东西，它能杀掉很多很多的病菌。只要把生洋葱或生大蒜放进嘴巴嚼上几分钟，就能消灭口腔细菌，保护牙齿。经常吃点洋葱，对我们的心脏、肝脏、肠胃都是有好处的。

刚刚我们提到，洋葱中含有一种叫作蒜氨酸

酶的物质，这个家伙可以帮助洋葱储存营养。那么，洋葱头里为什么有这么多蒜氨酸酶呢？因为它本身就是储存营养的器官。洋葱最早生活在西亚、北非的沙漠里，那里气候又炎热又干旱。为了保护自己，尽可能多存点水分和糖分，洋葱给埋在地下的茎裹上了一层又一层肥厚的叶片。这些叶片像鱼鳞一样，层层叠叠，所以我们把它叫作鳞片叶。鳞片叶因为储存着许多的水和糖分，所以长得胖胖的，肉质非常细嫩。而真正的茎却变短了，缩成一个扁扁的小圆盘，藏在洋葱底部。

　　拿起一个洋葱看看，它的底部是不是贴着一坨干瘪瘪的小圆片，还长着白色的小细条？那个小圆片就是洋葱茎，白色的小细条则是洋葱根。再翻过来，洋葱头上是不是有根冲天小辫？那就是洋葱发芽的地方。小嫩芽长大了，会发育出地上茎、叶子，还有花。不过农民伯伯们在收获的时候，将这些部分都去掉了，只留下我们吃的洋葱头。洋葱头最外边几层干干的，像纸一样，将内层鳞片叶紧紧包住，这也是为了保护里边的嫩芽，不让营养流失。

🖐 洋葱

　　跟土豆一样，洋葱为了适应环境，进化出了特殊的茎。土豆的茎是块状的，所以叫块茎；而洋葱的茎像鱼鳞一样重叠着，就叫鳞茎。注意，这里说的鳞茎，是把洋葱真正的茎和外边包着的鳞片叶当成一个整体来讲的。被我们拿来炒菜的，是肥嫩的鳞片叶，干巴巴的洋葱茎可没法吃。不仅洋葱，大蒜、百合、水仙花这些也都具有鳞茎。水仙花甚至不需要被种进花盆里，只要泡点清水就能发芽长叶，还能开出美丽的花儿，这全靠鳞茎里藏着的丰富的"战备粮"。洋葱跟土豆不同，发了芽也可以吃，不过味道就不如以前那么好了。

　　自然环境千差万别，为了适应环境，植物进化出形态奇奇怪怪的器官，这种现象被科学家称为"变态"。不过，这可不是骂它们，恰好相反，这是植物们生命力强大的证明。有些植物的根发生了"变态"，比如萝卜、胡萝卜、吊兰；有些

植物是叶子"变态"了，如仙人掌，为了保住水分，叶子进化成了小尖刺。而洋葱则属于茎"变态"。洋葱的鳞茎和土豆的块茎一样，都埋在地底下，所以它们又被统一叫作"地下变态茎"。

　　现在，洋葱的秘密，你们知道了吧？

●每期一问●

　　我们知道了切洋葱容易流眼泪的原因，那么，为什么在水里切洋葱，就不会辣到眼睛了呢？

参考答案：因为在水里切洋葱，辛辣素就不能够刺激到我们的眼睛了。

15

旅行的意义

●开门见山●

如果我们想去旅行，可以选择火车、飞机、汽车或者自行车等交通工具。那如果植物的种子也想像我们一样去旅行，该怎么办呢？植物又没有腿，也没有人类这么多的交通工具，它们的种子要怎么走向四面八方呢？你们可千万别小看了它们，为了延续生命，植物妈妈们可是各有各的绝招，下面咱们就一起去瞧一瞧植物妈妈们给种子宝宝们准备的旅行装备吧！

●队长开讲●

说到交通工具，科学队长最喜欢的还是自行车，因为它特别低碳环保。不管怎么说，现在我们想要去旅行，真是越来越方便了。那你们有没有想过，如果植物的种子也想像我们一样去旅行，该怎么办呢？下面咱们就一起去瞧一瞧植物妈妈们给种子宝宝们准备的旅行装备吧！

苍耳妈妈很聪明。她想："我们植物不会跑，可是动物会呀，让我的宝宝搭上动物这辆便车，不就可以去远方了吗？"所以，她就给苍耳宝宝穿上了一身布满小钩子的旅行专用小外套。苍耳妈妈的个子并不高，大约只有 20 ~ 90 厘米，矮一点的还不到成人的小腿，高一点的也不超过成人的腰部。不过，这已经足够啦。如果你走过她的身边，不小心在她身上蹭了一下，苍耳妈妈就会趁机把宝宝们挂在你的身上。这个时候，苍耳宝宝的小外套就会发挥神奇的作用啦！那些小钩子会牢牢地抓住你的衣服，等你走到很远的地方，忽然发现了这些搭便车的小东西，把他们摘下来扔到地上，苍耳宝宝们就到了自己的目的地，他们的旅行也完成了。

在野外，苍耳宝宝遇见人的机会并不多，所以小动物才是他们最常搭的顺风车。虽然带着苍

耳宝宝旅行只是举手之劳，但对于干羊毛纺织这一行的叔叔阿姨来说，苍耳宝宝就不那么可爱了。如果他们搭乘在小羊的身上，剪下来的羊毛里面就会夹带这些小东西。当你们穿上羊毛衫的时候，肯定希望它又柔软又暖和，而不是藏着扎人的小刺吧？所以，为了不影响羊毛的质量，羊毛被剪下来以后，都要经过专门的工序处理，把这些不受欢迎的"小乘客"给挑出来。

苍耳　　　　　　　　　　　　　　　　樱桃

樱桃树妈妈不服气了："搭便车算什么，我要让我的宝宝坐飞机！"于是，她给樱桃宝宝准备了鲜艳的红色旅行外套。樱桃树妈妈个子很高，有2~6米，都快赶上两层楼房啦。这样的高度，刚好适合小鸟在上面休息和玩耍。每到初夏时节，樱桃宝宝的身体里装满了味道甜美的汁液。喜欢吃甜食的小鸟们，可以很容易地发现这些颜色醒目的"小宝宝"，然后争先恐后地把他们吞进肚子里。

别担心，樱桃宝宝有着坚硬的果核，虽然小鸟的消化道里有强酸，能够把果皮、果肉全都消化掉，可是，最最重要的种子还是被果核保护得好好的。她们乘坐着小鸟这架免费的"航班"，舒舒服服地躺在小鸟的肚子里，飞向了遥远的地方，最后随着小鸟的粪便一起掉落在土壤里，生根发芽。

蒲公英妈妈犯愁了："不管是长着小钩子的外套，还是甜美又鲜艳的外套，我都给不了宝宝。难道他们就不能去旅行了吗？"微风吹过蒲公英妈妈黄色的花瓣，她忽然有了一个好主意："我的宝宝又小又轻，也许一阵清风就能把他们送到远方呢！"

所以，她就给每一个种子宝宝都戴上了一顶小降落伞。这顶降落伞是用白色的绒毛做成的。小绒毛轻飘飘的，大概有6毫米长，比一个小指甲盖还要短一点。只要风轻轻一吹，背着降落伞

蒲公英

的蒲公英宝宝们，就会晃晃悠悠地飞起来，到远处去安家落户了。

绿豆妈妈们十分淡定，一点儿也不担心。她不需要借助小羊顺风车，也不需要搭乘小鸟飞机，就连降落伞都不需要准备。因为她有一个秘密武器——豆荚大炮。

绿豆宝宝们一出生，就在豆荚里排排坐。等到绿豆宝宝们成熟的时候，豆荚也已经变得又干燥又坚硬了。这时候，豆荚被火热的太阳一晒，就像一门小小的大炮，"啪"的一声爆裂开来，绿豆宝宝们就好像炮弹一样，被弹射出去啦。

其实，咱们能吃到的绿豆，都是在绿豆宝宝刚刚成熟的时候，农民伯伯抢在豆荚大炮开动之前，争分夺秒收割下来的。要不然，这些绿豆宝宝都会坐着大炮散落在田间。

荷花妈妈住在水中央，看到其他的植物妈妈纷纷使出一身本领，把宝宝们送上了旅途，她也着急了起来，赶紧让莲子宝宝坐上了小船。这艘小船，其实就是莲蓬。莲蓬小船长得像一个倒过来的圆锥，而且里面充满了空气，非常轻巧，可以漂浮在水面上。莲子宝宝就坐在这艘小船里，顺着水流去看外面的世界了。

种子宝宝旅行的方法，数都数不过来，不过，基本都和今天咱们说的这几位差不多。

第一类喜欢让动物来帮忙。比如鬼针草，就像苍耳一样，衣服上长着小钩子，随时寻找顺风车。有些坚果则借用了樱桃妈妈的办法，用美味吸引小松鼠。小松鼠喜欢把坚果藏在地里慢慢吃，可是总有一些，还没来得及吃就忘记了。松鼠的坏记性，帮助坚果种子完成了旅行。

第二类像蒲公英一样，让风来帮忙。比如榆树、杨树和槭树妈妈，她们会给种子宝宝穿上降落伞，让宝宝们乘风飞舞去远方。

第三类不靠动物也不靠风，完全靠自己。比如凤仙花、大豆、芝麻，都像绿豆一样，是用喷射的方法让宝宝们去旅行的。

椰子属于最后一类，它像莲子宝宝一样自带小船。椰子乘坐的是球形的小船，不仅坚固，还装满了种子必需的营养和水分，可以放心地漂洋过海。

你们瞧，孩子们长大了，总有一天得告别妈妈的怀抱，四海为家，创造属于自己的新天地。只有这样，生命的种子才能传播到世界的各个角落，而这，就是种子宝宝们旅行的意义了。

• 每期一问 •

植物种子旅行的方法有哪几类呢？

参考答案：三类。一看靠动物，二靠靠风，三靠靠自己。

16

猪笼草：
虫子到我碗里来！

扫一扫
听科学家讲科学

●开门见山●

千万不要以为植物只能乖乖地到别人的肚子里去，有些看上去安静柔弱的植物，也可以主动出击，把别人吞进肚子里哦。植物界的"小猎手"——猪笼草，不但天生具有结构巧妙的陷阱，还会运用"黑工"的智慧，在缺乏氮元素的热带雨林里，自己动手，丰衣足食！什么，你们想买一盆猪笼草回家吃蚊子？快打消这个念头吧，小心它的"捉蚊瓶"变成"养蚊瓶"哦！

●队长开讲●

一说起植物，咱们最熟悉的，恐怕就是每天餐桌上的蔬菜和水果了吧？这很容易给大家一种错觉，以为植物就只能乖乖地到别人的肚子里去，就好比从来只有羊吃草，世上哪有草吃羊嘛。可是，科学队长要告诉你们：这可不一定。看上去安静柔弱的植物，也可以主动出击，把别人吞进肚子里哦。今天，咱们就来认识一下植物界的"小猎手"——猪笼草。

听到"猎手"这两个字，可别急着、害怕：猪笼草并不会吃人，只喜欢吃虫子。它最醒目的标志，要数身上那一只只会抓虫子的小瓶子了。猪笼草喜欢暖和的地方，假如你们生活在热带或者亚热带，比如广东、广西、海南等地，那么就有机会见到它啦。如果你们在花市看见猪笼草，就会发现，这些小瓶子最小的还没有手指长，最大的也不过一只手那么大。这么小的瓶子，确实也只够用来捉虫子吃。

那么，猪笼草为什么要抓虫子吃呢？它就不能像大多数植物一样，只享受阳光雨露、氧气和无机物吗？它的家乡，热带、亚热带地区，常年高温多雨，按理说应该不会缺营养啊？要是这样想的话可就错了。原来，在雨水不断的冲刷下，土壤里的氮元素很容易流失。可是对于猪笼草的生长来说，氮又是绝对不可缺少的。那可怎么办呢？要知道，热带雨林最不缺的就是昆虫，它们体内都富含着宝贵的氮元素呀。于是，猪笼草就在它们身上打起了主意，进化出了抓虫子吃的本领，自己动手，丰衣足食！

可是，身为植物，猪笼草毕竟不能像小鸟一样飞来飞去找虫子，也不能像青蛙一样跳来跳去捉虫子。它只能站在原地一动不动，要怎么战胜敏捷的小虫子呢？猪笼草可聪明了，它的绝招就是布置陷阱，然后守株待兔。

这个陷阱，就长在猪笼草的叶片上。其实，猪笼草的叶片本身长得很普通，就是长长的椭圆形。不过，叶片中间的叶脉就很不一般了，它会延伸成长长的一条，就像一根细长的绳子，可以缠绕在其他植物的身上，或者攀爬在岩石上。这条"绳子"的末端，会慢慢结出一只"小瓶子"来，瓶口上还有一片小叶子充当瓶盖呢。

猪笼草

从本质上来说，这只小瓶子也是猪笼草的叶子。只不过这片叶子长得比较奇特，像个有盖子的小瓶子罢了。

千万别小看了这只会抓虫子的瓶子。不信的话，你们可以随便找一只瓶子放到草丛里，过一天再去瞧一瞧，数一数能捉到几只虫子。猪笼草的"小瓶子"可没那么简单，它的瓶子里面会分泌出香甜的蜜汁，吸引那些爱吃甜食的昆虫，让这些馋嘴的虫子忍不住往里钻。不仅如此，猪笼草的瓶口和内壁好像还涂了一层蜡，虫子轻轻踩一脚就会打滑，跐溜一下掉进瓶子里。那么，虫子会不会逃出来呢？别急，聪明的猪笼草早已经解决了这个问题。它的瓶子底部有浓密的小倒刺，让贪吃的虫子滑进去容易，想再爬出来，可就比登天还难了。那猪笼草没有牙齿，要怎么吃虫子呢？原来猪笼草的"小瓶子"里面，还盛满了黏糊糊的消化液，掉进去的昆虫不但出不来，还会被慢慢地分解、吸收掉，成为猪笼草的美餐。

这样看来，猪笼草抓虫子，还真是来一个抓一只，来两个抓一双呢！

真的是这样吗？大自然的奇妙，往往超出咱们的想象：尽管有神奇的"小瓶子"，可是很多时候，猪笼草会故意放猎物一条生路。

原来，猪笼草抓虫子并不是全年无休的。如果下过雨，小瓶子的瓶口就会变得很滑，小虫子一踩上去就插翅难逃；就算没下雨，猪笼草也可以自主分泌出蜜汁，让瓶口变滑。相反，如果瓶口干燥，小虫子就不太容易滑进瓶子里，它们往往在吃饱蜜汁以后就安全地撤退了。也就是说，如果瓶口是干的，那么抓虫子的"小瓶子"就等于在"罢工"。

科学家们发现，有的猪笼草，每天有三分之一的时间都在"罢工"。难道是因为它们想偷懒吗？当然不是！"罢工"才是猪笼草智慧的体现呢。

如果猪笼草的瓶口始终湿润光滑，它能捉到的蚂蚁数量，反而比爱罢工的猪笼草少得多。这是因为蚂蚁家族有着很特别的规矩：少数蚂蚁就像侦察兵一样，在外面转悠，一旦发现了好吃的，就会回家通风报信，带着小伙伴们一起去分享美餐。如果猪笼草的瓶口很干燥，蚂蚁侦察兵就能在尝到蜜汁以后安然无恙地回到家里，呼唤小伙伴们一起去。

等到一大群蚂蚁到达的时候，原本很安全的瓶口已经变得很湿滑，可以把这些蚂蚁一网打尽。

你们看，要是猪笼草太贪心，连一开始的蚂蚁侦察兵都不肯放过，那么，它就吃不到蜂拥而来的蚂蚁大军了。

也许你们会问："猪笼草既然可以抓小虫子，那么养一盆在家里，让它消灭吸血的蚊子，是不是很好呢？"

没错！在花鸟市场上，卖猪笼草的老板常常拿捉蚊子当作卖点。可是，只要开动脑筋想一想，就会明白这是在忽悠我们呢。道理很简单：如果拿肉骨头去吸引小绵羊，拿棒棒糖去吸引小猫咪，它们会上钩吗？肯定不会啦。

只有母蚊子才会吸人血，猪笼草甜甜的蜜汁，根本就不是母蚊子的食物，它怎么会自投罗网呢？倒是公蚊子喜欢吃植物的汁液，有可能会成为猪笼草的猎物。可是，公蚊子也不吸人血呀。

而且有时候，蚊子不但没有被猪笼草吃掉，还会在猪笼草的瓶子里生小宝宝，养出更多的蚊子来。因为猪笼草发现：瓶子里装满小蚊子，说不定就会吸引螳螂这些更大的昆虫来吃蚊子，到时候，直接吃螳螂这样的大个子，岂不是比吃掉小蚊子要划算多啦？

更要命的是，如果你们家住的楼层比较低，猪笼草的蜜汁反而可能吸引蚂蚁到你们家里去哦。

猪笼草就是这样一种充满智慧的神奇植物，它静悄悄地分泌着诱人的蜜汁，无声地喊着："小虫子们，快到我碗里来！"不过，如果你们想买猪笼草来消灭蚊子，还是赶紧打消这个念头吧。

● 每期一问 ●

猪笼草是用什么方法吸引小虫子到它碗里去的呢？

参考答案：分泌诱人的蜜汁。

17

菠萝上的"黑点点"是什么?

扫一扫
听科学家讲科学

● 开门见山 ●

当你们切好菠萝，准备美美地咬上一口的时候，仔细瞧一瞧，就会发现菠萝的果肉中散布着一些小黑点。这些小黑点是什么东西？难道是菠萝里长了小虫子吗？今天，科学队长就来告诉你，菠萝里的小黑点究竟是什么。其实，凤梨科植物大家族，可不仅仅只有好吃的菠萝，还有许多吸引眼球的观赏凤梨。听到"积水凤梨""空气凤梨"这样奇特的名字，你们是不是已经好奇心爆棚了呢？

● 队长开讲 ●

今天，让咱们来聊一种南方常见的水果。在说出它的名字之前，科学队长请大家先来猜

一个谜语："披着一身鱼鳞甲，头顶一撮绿头发，全身金黄香喷喷，我国东北不长它。"想一想，猜一猜，这种水果到底是什么呢？我想聪明的你们已经有了答案，没错，它就是——菠萝。

菠萝属于凤梨科这个大家族，是一种多年生常绿植物，喜欢温暖的气候。一般来说，凤梨科植物如果要健康生长，它们所生活的环境温度不能低于5℃，也不能高于37℃。这下，你们是不是就明白了为什么谜语里要说"我国东北不长它"了呀？其实，不光是寒冷的东北不长菠萝，咱们国家能栽培菠萝的，只有位于热带和接近热带的六个省份，看来菠萝是一种非常典型的热带水果呢。

菠萝

听到"凤梨科"这个词，不知道你们有没有遇到过这样的困惑：超市里常见的菠萝和凤梨，到底是不是同一种水果呢？让科学队长来告诉大家：在植物分类学上，菠萝就是凤梨科凤梨属中凤梨的别名，换句话说，菠萝就是凤梨。但是，由于产地不同、叫法不同，许多人就误以为它们是不同的水果了。

菠萝酸甜可口，香气浓郁，可是想要品尝到这么美味的水果可不是那么容易的事。因为菠萝的果肉被一层又厚又硬的皮包裹着，就像穿了一件坚硬的铠甲一样。如果没有经验的话，想要从中切出可以吃的果肉来，还真困难重重呢。不仅如此，当你们好不容易剥掉了它坚硬的外衣，

准备美美地咬上一口的时候，仔细一瞧，就会发现果肉中间还散布着一些深色的小点，看上去怪怪的。难道是菠萝长虫子了吗？

要回答这个问题，咱们先来学习一个词：聚花果。什么是聚花果呢？用通俗的话来说，所谓聚花果，就是在同一根花柄上、所有的花聚集在一起发育而成的果实。而咱们今天所说的菠萝，就是一种典型的聚花果。它的花柄肥厚又多汁，围绕着花柄，有规律地排列着许多花，每一朵残存的小花都闭合了起来，形成了一个空腔，而空腔的里面，则藏着这朵花萎缩的雄蕊和花柱。咱们吃的菠萝果肉，就是花柄与花柄上闭合的小花发育而成的。菠萝上突起的小黑点，其实就是小花们残存的花柱和雄蕊。它们并不是虫子，大家可以放心大胆地吃菠萝。除了菠萝以外，桑葚和无花果也是常见的聚花果，下一次，在吃掉它们之前，可以仔细找找看，它们的花柄在什么地方。

因为喜欢温暖的环境，凤梨科植物的家园在美洲热带地区，只有一种分布在非洲西部。而

在亚洲，几乎是见不到野生凤梨科植物的。正是由于这个原因，一提到凤梨科，我们最熟悉的恐怕就只有菠萝了。不过，还有不少凤梨科的植物，虽然不像菠萝一样好吃，可是长得却非常漂亮，所以人们也会精心栽培，专门用来观赏。这些用来观赏的凤梨科植物，外形很特别，长条形的叶片从根部一簇簇生长出来，有些品种的叶片上还有着丰富的条纹和斑点，看起来非常漂亮。当然，这些植物不仅有美丽的叶子，它们的花朵也多姿多彩。如果你在我国比较炎热的地方，比如香港、台湾或者广州，可以打听一下，在哪里能看到水塔花和鸟巢花，这两种植物赏花赏叶两相宜，都是有名的观赏凤梨呢。

凤梨科植物在它们自己的家乡，有着不同的生活方式，由此我们一般可以把它们分为附生种和地生种两大类。附生种，顾名思义，就是说这类凤梨只能附着在其他植物的身上，靠叶子来吸收养分；而它们的根只能起到固定位置的作用，吸收水分和养分的能力很微弱。而地生种，就是能把根系扎进土地里，它们发达的根系可以直接吸收水分和养分，咱们吃的菠萝就属于这一种。

💧积水凤梨

虽然附生种凤梨的根比较弱，可是你们千万不要小看了植物们的生存智慧。有一些附生种凤梨，为了努力适应环境，叶子巧妙地长成了一个能收集雨水的漏斗。也就是说，它们为自己建造了一个小型的贮水槽，我们把它们称为"积水凤梨"。雨水和尘埃积攒在这个小小的贮水槽里，积水凤梨就可以从中获取自己生长所需的水分和养分啦。在美洲，积水凤梨的贮水槽不仅造福了自己，还成为一些珍贵的小型蛙类的家园。它们特意选择在这种贮水槽里生儿育女，与积水凤梨一起，成为雨林生态的重要一环。积水凤梨通过自己的聪明才智，不仅让自己生活得自由快乐，还帮助了自然界的其他小伙伴，不得不让人赞扬它助人为乐的好品质。

还有一类凤梨被称为"空气凤梨"。空气凤梨也是附生种，它们既没有发达的根系，也不像积水凤梨一样自带贮水槽，它们该怎么在残酷的大自然中生存下去呢？别担心，空气凤梨也有自己的绝招，那就是：它们给自己穿上了一层毛茸茸的外衣。空气凤梨全身覆盖着一层鳞片，这些鳞片呈银白色或灰白色，可以从空气中捕捉水分和矿物质。不管是夜间的雾气，还是稀少的雨水，它们一点也不愿意浪费，可以说，这些鳞片简直承担起了根的重任。不仅如此，这些鳞片还能反射强烈的阳光，避免叶子被太阳灼伤。在白天，它们会关闭气孔，因为每一滴水都来之不易，当然舍不得让体内的水分在高温下蒸发；到了夜晚，它们就会打开气孔自由地呼吸啦。

下面就让科学队长带你们一起来总结一下今天的内容吧。菠萝是一种典型的聚花果，它身上的小黑点，其实是萎缩的花柱和雄蕊。在凤梨科植物的大家庭里，除了美味的菠萝，还有许多漂亮的观赏凤梨。在凤梨科的家乡，根据它们不同的生活方式，我们可以把它们分为地生种和附生种两类。附生种的凤梨，虽然没有强有力的根，可是积水凤梨自带贮水槽，空气凤梨会从空气中找养分。看来，为了生存，谁都不容易，不管是动物还是植物，都要各出奇招呀。

空气凤梨

● 每期一问 ●

秋水凤梨是附生种还是地生种植物？

参考答案：附生种植物。

18

地三鲜，一家亲！

扫一扫
听科学家讲科学

●开门见山●

　　在东北有一道有名的菜，叫作"地三鲜"。顾名思义，这道菜里有三种蔬菜，它们分别是：松软的茄子、爽口的青椒和可口的土豆。那么，大家知不知道这三种食材都是来自茄科的植物呢？是不是茄子的每一朵花都能结茄子呢？土豆是不是一种果实？青椒的果实是什么类型果？茄科植物在我们日常生活中很常见，除了地三鲜的食材之外，大家还知道哪些可以吃的茄科植物呢？这期节目科学队长将带领大家认识一下，与我们日常生活关系比较密切的一些茄科植物。

地三鲜

里面有松软的茄子、爽口的青椒和可口的土豆，听起来就让人觉得营养丰富。但是你们知道吗？这三种做地三鲜的食材，其实都是来自茄科家族的呢！它们长得这么不一样，有绿的、有黄的、有紫的，竟然是一个家族的植物？是不是觉得很不可思议？

●队长开讲●

　　"地三鲜"是我国东北的一道传统素菜，

这里科学队长就要告诉你们了：茄子、土豆和青椒，虽然看起来完全不同，但它们的整棵植株却有着很多相似之处。茄子、土豆和青椒外表不同，是由于它们长在植物不同的部位。

首先，我们说说茄子。茄子是茄科茄属的植物。在北美和澳大利亚，茄子有一个洋气的英文名，叫作"eggplant"，这个名字是由两个简单的单词组合起来的，你们知道这两个词是什么意思吗？对啦，就是鸡蛋"egg"和植物"plant"。怎么这名字这么奇怪呢？原来，这是因为以前他们看到的茄子跟我们国家的不同，是白色、椭圆形的，跟鸡蛋长得很像。但是现在人们已经培育出很多种茄子，它们形状各式各样，有长的、有短的，有圆的、

茄子

有椭圆的，还有些奇形怪状的。在颜色上也很丰富，有白的、有绿的、有紫的，还有带条纹的等等。平时我们最常见的，也是地三鲜中常用的这一类茄子，是长条形的，表皮则紫得发亮，一看就让人很有食欲。

茄子大家都熟悉，可是你们知道茄子是怎么长出来的吗？我们吃的茄子，属于植株里的果实部分，它是由花经过授粉后发育而成的。茄子花你们见过吗？它们也十分可爱哦。这些花朵就像一个个萌萌的小喇叭，好像我们用心听就会听到茄子小姐的歌声呢！茄子花的花色会因品种不

同而不同，有些是紫色的，有些是白色。茄子的花不像月季花，也就是花店里卖的"玫瑰"那样，有一片一片的花瓣，它们的花瓣是联合在一起的，而这种花瓣联合在一起的花，被植物学家称为"合瓣花"，这种合瓣花，就是茄科大家族的植物最突出的特点之一。这下你们知道了吧？"地三鲜"这道菜里的三种食材——茄子、土豆和青椒，它们的花瓣都是连合在一起的呢。

茄子的花有两种类型，一种是单独生长的，一种是几朵长在一起的。长在一起的几朵花中，它们的雌蕊已经退化了，就结不出茄子了，只能为单独生长的花提供花粉。只有单独生长的花才能接受花粉，发育成茄子。

接下来我们来讲讲土豆。我们国家好多地方都种植土豆，而且不同的地方对它有不同的称呼，马铃薯、阳芋、山药蛋、地蛋，都是土豆在我国不同地方的俗称。在你们家乡，土豆的俗称是什么呢？土豆跟茄子的亲缘关系非常近，它们都是茄属的植物。那么茄子是由花结的果，土豆是不是也是由花发育而来的呢？如果你们觉得土豆也是一种果实，那就错啦。土豆为什么叫土豆，当然是因为它是长在土里的啦。既然长在土里，那它是不是根呢？不是。它啊，是长在地下的枝条。这种枝条会膨大增厚，在这个大块头的身体里可以存贮植物累积下来的养分，植物学家叫它们"块茎"。另一种我们熟悉的食物——芋头，我们吃的部分也属于块茎。

土豆的吃法简直多得令人吃惊，可以切丝，可以切片，可以切块，可以压成泥；可以炒，可以蒸，可以炖，可以油炸；等等。吃过土豆的小朋友都知道，不管是面的土豆，还是脆的土豆，都含有丰富的淀粉，而且土豆里的维生素、矿物质、膳食纤维等营养成分也不少呢。目前，我们国家正在大力推广种植土豆，促进土豆成为继水稻、小麦、玉米之后的第四大主粮。不久的将来，我们的餐桌上就会出现各式各样用土豆加工成的主食，如土豆馒头、土豆面条、土豆糕点等等。

不过在这里，科学队长要特别提醒大家，

发了芽或是表皮变绿了的土豆可不要吃哦。如果土豆发芽和表皮变绿了，就说明这时土豆的身体里产生了一种叫作龙葵素的生物碱，吃了以后很可能会中毒。所以大家记得提醒爸爸妈妈，平时土豆买多了，一时吃不完，最好放在冰箱里冷藏，或者放在阴暗处储存。在 10℃ 以下的低温和没有光的条件下，土豆的龙葵素增长会比较缓慢，但是还是要尽快吃完，不要放太久。

一盘"地三鲜"里，我们已经说了茄子和土豆两鲜，接下来，就要讲讲最后一鲜——青椒了。青椒又叫"菜椒"，属于茄科辣椒属的植物，是

辣椒

辣椒的一个品种。辣椒传到我国已经有 300 多年的历史了，在农民伯伯和科学家的共同努力下，现在辣椒的品种已经非常丰富了。有甜的、有辣的，有红色的、有绿色的，还有五颜六色供观赏的，有胖的、有长条的，各种各样。你们吃过哪些样子的辣椒呢？有些辣椒品种辣味比较重，可以作为调味品，有些品种辣味比较淡，甚至偏甜，就更适合当作蔬菜了。"地三鲜"里的青椒，就是辣味比较淡的品种，所以常常被拿来当蔬菜食用。

如果你们仔细观察一下爸爸妈妈切青椒，就会发现：除了在靠近果柄那一端有种子之外，里面都是空空的。这也是辣椒属的一个特别的地方，它们的果虽然跟蓝莓一样都属于浆果，但果实内其实并没有汁液，算是一种比较另类的浆果了。不过，其他的许多茄科植物，果实却都是典型的浆果，比如刚才提到的土豆和茄子，还有同是茄属的西红柿，就是典型的浆果。这些果实里面的汁液非常丰富，想想就让人流口水。

现在，"地三鲜"这道菜我们已经讲完了，但是科学队长要告诉你们：茄科可是一个大家族，这个科里有3 000多种植物。除了茄子、土豆、青椒和西红柿，我们在日常生活中常常能接触到许多这个科的其他植物，比如枸杞、红菇娘，还有被称为人参果的香瓜茄等这些好吃的植物。除了好吃的，鸳鸯茉莉、曼陀罗、夜香树、矮牵牛、乳茄等这些好看的观赏植物，也是这个大家族的植物呢。

最后科学队长要提醒一下，假如你们在野外看到长得像茄子或者西红柿的果实，可千万不要乱吃哦，因为很多茄科植物都含有一些有毒的生物碱，吃了可能会引起中毒。

● 每期一问 ●

土豆属于植物的哪个部位呢？

答案在本书的背面。

19

棉花原来不是花?

扫一扫
听科学家讲科学

开门见山

在我们身边，有多少用棉花做的东西呢？身上穿的棉布衣裳，床上铺的棉布床单，沙发上的棉布抱枕……看来，不找不知道，一找呀还真不少。除了这些，洗完澡我们还可以用棉花棒吸掉耳朵里的水；医生护士给我们打完针以后，还要用棉签给我们止血呢。这样说起来，棉花可真是一种神奇的"花"，在生活中竟然有这么多的用处！那么你们想过没有，棉花的名字里虽然有一个"花"字，可是，它真的是花吗？

队长开讲

棉花在我们的日常生活中应用十分广泛，衣服、床单、被套、抱枕、浴巾、棉花球、棉花棒……都离不开它。既然棉花的名字里有一个"花"字，那它真的是一种花吗？

假如我们去学习一下德国人说的德语，肯定会感到更加糊涂，因为在德语里，"棉花"这个词从字面上看起来，就是"树羊毛"，可以理解为"树上长出来的羊毛"。

奇怪，棉花究竟是花还是羊毛？它到底是什么东西呢？其实棉花既不是花，也不是羊毛。实际上，在植物分类学中，棉是锦葵科植物里的一个属，而棉这个属又包含了大约 20 种不同的植物。棉的果实看上去好像一个个绿色的球球，我们就把它称为棉铃或者棉桃。

等到棉桃成熟的季节，它就会爆裂开来，露出里面圆圆的种子。不过，在这些种子外面，往往都密密麻麻地长满了毛茸茸的纤维。于是，棉桃看起来就好像一张张鼓鼓囊囊的小嘴，实在是装不下长满纤维的种子时，就只好纷纷张开嘴，露出里面一团团又白又软又蓬松的毛来，这些白毛毛就是我们通常所说的棉花啦。

简单地说，棉花，其实就是长在棉籽上的绒毛。它又吸湿又透气，蓬蓬松松的，能很好地保护种子。我们知道，蒲公英妈妈会给自己的种子宝宝戴上毛茸茸的"降落伞"，这样，种子宝宝就可以乘着轻风去旅行了。棉籽宝宝也不甘落后，它也想被传播得远远的，去创造属于自己的新生活，只不过它的降落伞长得比较奇怪，整个种子都被毛茸茸的棉花包起来啦。没关系，长得虽然奇怪了一点，作用还是一样的嘛。

既然棉花并不是"棉"的"花"，那么，棉这种植物到底会不会开花呢？其实它不仅会开花，而且真正的"棉花的花"还拥有变色的神奇

棉花

本领呢。如果你们恰好在它开花的季节来到棉花田里，就能看到枝头的花朵各色各样：有的乳白，有的粉红，有的淡黄，还有的是娇艳的紫红色。咦，这又是怎么一回事呢？

原来，它的花瓣里含有花青素。在酸性条件下，花青素会呈现出红色；而到了碱性条件下，又呈现出蓝色。一开始，棉开出的花朵是乳白色或者淡黄色的。可是，随着光照和温度的变化，花瓣里的花青素会越来越多；更重要的是，棉也

像我们人一样会呼吸，随着时间的推移，它吸进的二氧化碳也越来越多，于是身体里的液体渐渐地变成了酸性。这时候，花瓣就慢慢地变成了粉红色，最后又变成深深的紫红色。

所以，棉并不是同时开出不同颜色的花朵，而是有些花开得早、有些花开得晚。新开出来的花朵还是浅浅的乳白色，那些开放了很久的花朵却已经变得红彤彤的啦。

等到棉花的花朵都凋谢了，结出的就是它的果实——棉桃。等棉桃成熟后裂开，毛茸茸的棉花会被人们摘走，只剩下棉的种子。这种子是不是就没用了呢？不是哦，剩下的种子里还含有丰富的脂肪，可以榨出油来，我们称之为"棉籽油"。不过，棉籽里面含有一种有毒的物质，叫作"棉酚"。对棉花这种植物来说，棉酚这样的毒素是非常重要的武器，可以避免种子被昆虫和小动物吃掉；但是对于我们人类来说，去除有毒的棉酚，让棉籽油成为既营养又安全的食用油，可就非常考验技术了。

今天，我国已经是一个产棉大国，我们的日常生活中到处都有棉花的身影。可是，你们知道吗？棉花曾经是非常稀罕的进口货呢！那时我们国家是不长棉花的，棉花的家乡在炎热的印度和阿拉伯。在公元前 1 000 年以前，在汉字里面，甚至连棉花的"棉"字都没有。如果你们穿越到唐朝，打开杨贵妃的衣柜，恐怕很难找到一件棉布做的衣服。后来，又过了好几百年，一直到了明朝，棉花才渐渐在中国推广开来，进入了寻常百姓的生活。

现在我们能看到的棉花品种，都经过了农民伯伯精心的培育。走近棉花田，你会发现，这些棉的个子一般都不超过一个人的身高，不会长成令人仰望的大树。难道是它天生就长不高吗？

当然不是。棉花现在的高度，正是我们人类精心选择的结果。请大家想一想，如果棉花树都能长到两三层楼那么高，那需要什么样的巨人才能方便地采摘棉桃呢？难道要搭着梯子爬到每一棵树上去采吗？那得多费工夫呀。就算是开着棉花收割机来采摘，面对一棵棵高大的棉花树也是很不方便的。而在低矮的棉花田里，棉花收割机只需要像梳子一样来回梳一遍，就把棉桃给采干净啦。所以，棉其实也有身材高大的种类，只是在农业生产中，因为人类特殊的需求，它们渐渐地被淘汰了。

　　现在你们知道了吧? 我们常说的棉花，根本不是花，而是棉花种子外面长的一层绒毛。真正的"棉花的花"不仅美丽，还会随着时间的变化而改变颜色呢。

● 每 期 一 问 ●

"棉花的花"颜色会随着时间的推移而改变，
主要是花瓣里的什么东西在起作用呢?

参考答案：花青素。

20 甘蔗的 哪一头更甜呢?

扫一扫
听科学家讲科学

● 开门见山 ●

有这样一个谜语:"长得像竹不是竹,周身有节不太粗,不是紫来就是绿,常吃生来少吃熟。"谜底是一种植物。我们不吃它的叶子,也不吃它的果子,更不吃它的根部,而是吃它的"身体",它就是甘蔗。那么,想吃甘蔗最甜的部分,要从哪一头吃起呢?

● 队长开讲 ●

有一种植物,长得有点像竹子,长长的身体一节一节的。我们可以削掉它的外皮,切成小块,嚼碎后享用甜美的汁液,再把渣吐出来;也可以用榨汁机直接榨出一杯杯甜甜的汁液来享

用。各种各样的糖果、甜食,更是离不开它。猜到它是什么植物了吗? 它就是甘蔗,大家吃的食用糖主要是用它制作出来的。它名字里的"甘"就是"甜"的意思。

甘蔗喜欢温暖、湿润的环境,生活在热带、亚热带降水较多的地区,在我们国家的南方可以种植,比如广东、广西、海南、台湾、福建、云南等地。甘蔗头上顶着一大丛长长的绿叶,身材有点像竹子,一节一节的,茎秆不算很粗,一般周长在 10 厘米左右,成年人一把抓住是没问题的。甘蔗表皮有紫色的,也有绿色的,覆盖着白色的蜡粉,这些蜡粉是甘蔗自身分泌出来的,在炎热的日照下这层白色的蜡粉可以让体内水分不易蒸发。甘蔗的个子很高,长到成熟的时候一般

有 3～5 米那么高，相当于一层楼到两层楼的高度，所以种植甘蔗的田地被称为"甘蔗林"。

甘蔗虽然算是高个头，身体也挺硬实，但它其实不是树，而是草本植物。区别它们和木本植物的一个重要特点，就是草本植物体内的木质部分没有真正的树木那么发达。甘蔗虽然有着高个头，但它们内心却有点"脆弱"，其茎秆质地疏松，含有较多的水分，有助于让更多养料用在它们的韧皮上，使得植株更坚挺。所以你们现在知道，为什么吃甘蔗的时候可以咬一口就尝到汁水了吧？甘蔗的茎里含有丰富的糖分，含糖量达 12%～17% 之多，还有多种人体需要的维生素和矿物质。从甘蔗中榨取出的甘蔗汁，是制糖的原材料，白砂糖、绵白糖、冰糖、红糖等，都是利用制糖原料制造出来的。有了这些制糖原料，才有美味可口的糖果、甜点心。

甘蔗林

你们知道吗？早在 1 000 多年前，中国人就能够用甘蔗来制糖了，古人称这些糖为"石蜜"。甘蔗不仅能够制糖，还可以提炼乙醇，作为重要的清洁能源。许多国家都用乙醇作汽车燃料，这比起汽油更环保，有助于减少温室气体排放，因而能够减缓全球变暖的速度，保护我们的地球。

说到这儿，你们是不是想尝尝甘蔗了？不过，科学队长可要告诉大家，用来做糖的甘蔗和用来吃的甘蔗可是不同的品种哦。用来吃的甘蔗是经过多年的培育选出来的，皮更薄、口感更好，吃起来更像是水果，被称为"果蔗"。除了生吃之外，也可以榨汁或者和其他水果一起煮成糖水食用。

有一句谚语叫"甘蔗没有两头甜"，那么，甘蔗哪一头更甜呢？有人会说"离顶端叶子近的那部分接受太阳光照多，可能会更甜一些"，也有人会说"甘蔗靠近根部的部分会比较甜"，还有人会说"甘蔗应该是从头到尾一样甜的"。到底谁说得对呢？

甘蔗的甜，来自它体内的糖分。在甘蔗的一生中，随着不断吸收土壤里的水分和矿物质，接收阳光进行光合作用，会制造出许多养料供它生长发育。它制造出的养料绝大部分是糖分，一部分被它自身消耗掉了，一部分就储藏在体内。多余的糖分储藏在它身体的下半部分靠近根部的位置，所以靠近根的部分就存储了比较多的糖。另一方面，由于甘蔗叶片进行光合作用会不停地蒸发水分，所以甘蔗的上部，特别是叶子附近，储存的水分比较多，这便于给叶片及时提供补给。水分越多的地方，糖的浓度也就越低。你们可以动手试一试，在一杯水里加入一勺糖，和在半杯水里加入同样一勺糖，喝起来的感觉是不一样的。溶化糖的水越少，糖水喝起来就越甜，这就是浓度的区别。根部的水分比较少，所以根部糖的浓度比较高。因此，甘蔗靠近根部的位置吃起来会更甜一些。

甘蔗虽然好吃、有营养，但是也不能多吃。一方面，如果吃得太多、太频繁，舌头和口腔内部容易在咀嚼甘蔗时被它的纤维刺伤。在换牙的时候如果啃太多甘蔗，也容易造成牙齿生长不整齐。另一方面，甘蔗含糖量很高，吃的时候如果不注意口腔卫生，会造成龋齿，同时也会因为摄入糖分太多而发胖。如果甘蔗出现了发霉的症状，身体上有了霉点，闻起来有食物发霉或者酒糟一样的怪味道，那就说明它已经变质了，这时候一定不要吃，因为发霉的食物不仅危害健康，还会带来生命危险。

在本期节目中我们认识了身体是一节一节的甘蔗，它个头较高，却是草本植物，喜欢生活在温暖、湿润的环境中。对于我们生吃的甘蔗，更甜的部分是在它的根部哦!

● 每 期 一 问 ●

为什么甘蔗靠近顶端叶子的部分吃起来没有靠近根的部分甜呢?

参考答案：因为甘蔗靠近水直接得叶子光合作用的糖越多，糖的浓度就越高。

21

秋天来了，叶子怎么黄了？

扫一扫
听科学家讲科学

·开门见山·

春天绿叶萌芽，秋天黄叶飘舞，这是季节流转之际常见的景色。有些植物常年青葱，还有些植物会披上美丽的红叶。在惊叹大自然多彩多姿的同时，人们也不禁迷惑：为什么植物的叶子会发生这些奇妙的变化？是否这也暗自契合了物竞天择的科学规律呢？

·队长开讲·

寒冷还未远去，春天已经来临。在这个季节交替的时候，长白山还披着厚厚的积雪，冷气足以冻掉我们的下巴。不过，在一片水晶宫般的冰雪世界中，也有许多坚强的植物。比如红松、

侧柏、红豆杉等，就算在零下几十摄氏度的大冷天，它们也不会落叶、凋零，仍然披着美丽的绿色针叶，像一群群勇敢的战士，昂头挺胸站在白茫茫的雪地里，给大森林带来盎然的生机。很多松树的叶子有点像绿色的小细针，有的还又尖又硬，不当心可会刺疼手指头的。如果将松针一切两半，放到显微镜底下观察，我们会发现：在针叶表面裹着一层角质层，就像盔甲一样。为什么松树要把自己武装到牙齿呢？因为北方的冬天又长、又冷、又干燥，这些细细的、尖尖的叶子外面裹上一层厚厚的角质后，能保护植物内部的水分不蒸发，热量不散失，这是一种非常有效的生存策略。

这些一年四季都长着叶子的植物，我们管它们叫常绿植物。常绿植物的叶片能在树枝上待好几个月，甚至一年以上。大多数的松树、柏树都属于常绿植物。

虽然常绿植物一年四季看起来都是绿色的，但是它们并不是不掉叶子，而是一边掉一边长，所以看上去总是绿绿的。

除了松树、柏树这些来自北方的小战士，常绿植物的阵营里还有许多南方的小伙伴，比如榕树、香樟树、石楠、棕榈、山茶等一大群。小伙伴们生活在不同的气候下，有的住在炎热干旱的环境里，有的住在温暖湿润的环境里。那些待在干旱地区的小伙伴们，为了保住珍贵的水分，叶子渐渐变得又厚又硬，还有的在叶片表面抹点油，这样保湿效果就更好了，桉树就是这么干的。

那些多雨地区的常绿小伙伴们则很幸运，天气暖和，水源充足，叶子都长得肥肥厚厚、油光水滑的，像打了蜡一样。特别像棕榈、椰子、芭蕉等热带植物，恨不得张开双臂拥抱阳光。它们的叶子长得又大又绿，风儿一吹，就像在挥着大手跟行人问好，看上去精神抖擞。芭蕉叶最大能长到 30 厘米宽、

银杏

2～3米长，展开的芭蕉叶足足有地板到天花板那么高。难怪《西游记》里孙悟空过火焰山，要跟铁扇公主借芭蕉扇灭火呢。

还有一些植物就不一样了，它们选择在秋冬天、干旱缺水的时候让叶子掉光，露出光秃秃的树枝，这些植物叫落叶植物。作为行道树长在马路两旁的法国梧桐就是落叶植物，常见的落叶植物还有苹果树、梨树、枫树、柳树、银杏等。落叶植物的叶子往往薄薄的、软软的，一撕就开，寿命也只有短短几个月。一般春天绿叶站上枝头，秋天变黄飘落，到了冬天，就只剩下光秃秃的树杈子了。

叶子有自己的生命周期，也会有生、老、病、死。新生的叶子是嫩绿嫩绿的，这是因为它里边有一种神奇的物质，名叫"叶绿素"。叶绿素负责吸收太阳光来进行光合作用，为植物制造氧气和营养。不过，叶绿素主要吸收红色光和蓝紫色光，绿色光它吸收不了，于是这些绿色光就被扔出来，不要了。我们的眼睛看到了被叶子表面反射出来的绿色光，这才会感受到"啊，多么美丽的绿叶"！可是，叶子里边除了叶绿素，还有其他色素，其中一种叫"叶黄素"，听名字就知道，这位专门反射黄橙光。新生的小叶子里边，叶绿素多，叶黄素少，叶子主要反射绿色光，叶片当然就显得很绿。等到了秋天，气温下降，叶绿素变少，这时候，叶黄素就厉害了，反射出来的黄光超过了绿光，于是，叶子看起来就是黄色的。常见的梧桐、银杏，都是这样的。秋天叶子变色，就像老人家的头发变白一样，是一种正常的老化现象。还有，如果植物营养不良，或者被害虫咬了，叶子也会变色，也会掉的。就像年轻人不好好吃饭，生病了也会病病歪歪、没精打采的一样。等到冬天，天气冷，下雨少，植物为了减少水分蒸发，就会让叶子离开枝头，飘落到地里，最后慢慢腐烂变成养分，为明年长出新的叶子做准备。这样，一片叶子的生命就结束了。

你们可能会想，我们看到的有些叶子既不是绿色的也不是黄色的呀？没错，确实有些叶子秋冬季会变红，像鸡爪槭、枫香和毛黄栌这几位，入秋叶子不是变黄，而是变成鲜艳的红色。北京有名的"香山红叶"，观赏的就是黄栌的叶子。还有些叶子是紫色的，像紫苏、紫叶李、紫叶海棠等。这是因为它们的叶子里含有花青素，这种色素和植物体内的糖结合，就会变出好看的紫红色。其实，花青素在植物的花和果实里更多，想一下，是不是很多花儿都是红的，不少水果成熟后也会变红？这，就是花青素的魔力了。

当冬去春来，很多树木宝宝又会披上绿装，小鸟儿又会飞上枝头鸣唱，我们的世界将又一次迎来五彩斑斓、花香鸟语的春光。当你们走过一片刚长出新叶子的小树林，别忘了抬头看看树梢，在心里悄悄地跟可爱的绿色小叶子们打个招呼："嘿！你们好哇，咱们又见面了。"

好了，现在我们知道了植物可以分为两大类常绿植物和落叶植物。常绿植物的叶子是一边掉落一边生长的，所以看起来四季常青；落叶植物的叶子到秋天会变成黄色或者其他颜色，这是因为有叶黄素或者花青素在起作用呢！

• 每期一问 •

秋天叶子会变色的植物，是常绿植物还是落叶植物呢？

参考答案：落叶植物。

22

太阳的追随者：向日葵

扫一扫
听科学家讲科学

开门见山

　　金灿灿、黄澄澄的万寿菊迎着凉风在花园里恣意绽放，被晾干的杭白菊被冲泡成一杯清热去火的茶汤"盛放"在茶杯中，始终仰头迎着太阳的向日葵露出了温暖的微笑。万寿菊、杭白菊和向日葵，这些我们常见的花朵其实都属于植物世界中的一个大家族——菊科。不仅如此，还有很多属于菊科家族的植物活跃在我们的餐桌上。今天，就让我们走近菊科家族。

队长开讲

　　大家一定看过秋天公园里开着的一团团黄色的万寿菊，在书里读到过总是仰着脸面对着太阳公公的向日葵，吃过爽脆可口的莴笋片和美味的葵花籽吧？其实，这几种植物都同属于植物世界中一个大家族——菊科家族。今天，就让科学队长带领大家，走近这个神奇的大家族吧！

　　花茶中的杭白菊，相信大家都十分熟悉。被晾干的杭白菊在沸水中重新绽放，舒展着花瓣，看起来就像一个个可爱的绒毛球。而你们知道吗？

杭白菊

每一朵像绒毛球一样可爱的杭白菊其实都是由无数朵小花共同构成的。这又是怎么一回事呢？

让我们轻轻扯下一片"花瓣"仔细观察，你会发现：并不像桃花的花瓣，扯下来之后只有单独的一片花瓣，杭白菊这样形状像舌头一样的小"花瓣"，越向它们从花托上生长出来的位置看，这片花瓣反而开始卷成独立的圆筒，而这一个圆筒里还有一些更加细小的结构，这些细小的结构在杭白菊中就对应着桃花花瓣里面包围着的细长的花蕊。也就是说，我们看到的杭白菊的每一片花瓣，其实都是一个小圆筒，里面拥有各自独立的花蕊。因此，我们将这些小小的花瓣当成是一朵"小花"。因为这些小花看起来像舌头，所以又被称为"舌状花"。许多"舌状花"集合在了一起，成为一朵我们眼中美丽动人的菊花。对应于桃花、杏花的单花，植物学家给这一类花取名叫"花序"。

菊科家族中的其他成员们都有着类似的花序。像杭白菊和万寿菊，还有我们熟悉的蒲公英，它们的整个花序都是由舌状花构成的。但是，看过向日葵的你们一定会问：向日葵也是菊科家族的成员，可是为什么它们的花序看起来却和杭白菊的花序很不一样呢？现在我们就来好好观察一下向日葵吧！

大家都很熟悉向日葵面向太阳公公的"脸"，像一个大大的圆盘子，盘子的周围是一圈美丽的金色花瓣，而中间则是密集的像蜂巢一样的小格子。在向日葵这样一个大花盘中，其实有两种不同形态的小花：一种是我们远远就能看到的花瓣，它们的颜色艳丽，就像被阳光涂上了耀眼的金色。而这些非常明显的花瓣，就是我们刚才介绍到的舌状花。那么，另一种形态的小花在哪里呢？它们其实就是向日葵的中央挨挨挤挤的蜂巢似的小格子，这里的小花的花瓣都特别短小，一朵一朵紧密地挨在一起，一个小格子就是一朵花，每一朵小花未来都会结出一粒香脆可口的葵花籽。这种迷你的小花外形就像小万花筒一样，所以科学家叫它们"管状花"或"筒状花"。也就是说，向日葵这种菊科植物的花序，除了外面一圈舌状花以外，里面的都是紧紧挨在一起的管状花。

向日葵最外一层金黄色的舌状花既没有雄蕊也没有雌蕊，是不会结出葵花籽的。而花盘中不起眼的管状花却能够结出一花盘的葵花籽。告诉你们一个秘密：向日葵花盘上这些紧紧挨在一起的小花，它们的开放并不是随意的，而是遵循着严格的顺序，从外向内一层一层开放。随着小花一圈一圈地绽放，每一朵小花中，聚合成筒状的五个橙黄色的花药首先伸出短短的花冠管外，像一只显眼的小拳头，而雄蕊充分散发了花粉之后，

又有带两个分叉的雌蕊柱头像蜗牛的两根长长触角一样，从小花的圆筒里延伸出来，接收其他小花的雄蕊传来的花粉。在菊科植物中，像这样同一朵小花的雌、雄蕊先后分别成熟，可以有效地避免自己的雄蕊产生的花粉落在自己成熟的柱头上，防止自花授粉。

传粉结束后，向日葵的小花中雌蕊继续发育成为果实，就变成了我们熟悉的葵花籽，而我们最后吃到的果仁，就是向日葵的种子。除了向日葵这样同时拥有舌状花和管状花，或是杭白菊这样小花全部都为舌状花的成员之外，菊科家族还有一大类只有管状花的成员，我们常说的刺儿菜和大蓟，就是其中最常见的两个成员。

菊科其实是一个非常大的家族，除了杭白菊和向日葵，还有很多常常出现在我们餐桌上的蔬菜，它们也都是菊科家族的成员。

有着大片叶子的生菜，其实就是菊科家族的成员。清炒可口的莜麦菜和爽脆的青笋，这一对

相近的亲戚也是菊科家族的成员。除了青绿色的叶片和茎，也有一些菊科成员用来储存营养的根被端到了餐桌上，如菊芋和牛蒡（bàng），不知道你们有没有品尝过呢？

今天，我们以杭白菊和向日葵为例，给大家介绍了植物家族中一个非常大的家族——菊科家族。我们知道了杭白菊的每一个花瓣都是一朵小花；也知道了向日葵只有中间的大花盘才能结出美味的葵花籽；还知道了向日葵的大花盘里其实藏着许许多多的小花，而这些小花们会从外向内一圈一圈开放；最后，我们还认识了常出现在我们餐桌上的菊科家族成员——生菜、青笋和牛蒡。你们都记住了吗？

● 每期一问 ●

向日葵的"一大朵花"是由哪两种类型的小花组成的呢？

每期答案：舌状花和管状花。

23 为什么竹子是空心的?

扫一扫
听科学家讲科学

开门见山

如果我们去观察竹子，会发现它们和其他的树木不一样，竹竿是一节一节的。如果把竹竿劈开，会看到两节之间是空心的。有的人赞美竹子虚心；也有人拿它开玩笑，说竹子"肚里空空"，用来比喻那些不爱学习的人。其实这些都是人类自己的想象。不过，竹子空心确实是一个有趣的自然现象。空心的竹子长得不太像普通的树，也不太像草本植物，那它到底是树还是草呢？

队长开讲

小朋友们，我们先来猜几条谜语吧。

第一条：小时候破土而出，长大了节节高升。青枝绿叶直挺挺，切开一看很虚心。（打一种植物）

第二条：空心树，实心芽，一生只开一次花。（打一种植物）

第三条：常年生活在山中，嘴尖皮厚腹中空。（打一种植物）

怎么样，你们猜到了吗？好了，科学队长要揭晓谜底了哦！实际上，这三条谜语说的都是同一种植物——竹子。

冬天，竹笋沉睡在地下，到了春天就破土而出。春笋的小脑袋尖尖的，是为了冲破泥土。竹子长得特别快，最快的一天能长40厘米呢。今天看它还是个小尖芽，睡一觉起来再看，哎呀，已经快到你们的膝盖高啦。空心的竹子长得不太像普通的树，也不太像草本植物，那它到底是树还是草呢？

竹笋

我们知道，植物的根扎在泥土里，负责吸收水分和营养。叶子朝着太阳，进行光合作用，制造出糖分，为植物提供能量。为了将这些养分送到全身，植物们让自己的根、茎和叶子里充满了细小的管道，就像我们人的血管一样。这些管道的学名叫"维管束"。小小的维管束手拉手聚在一起，支撑起了植物的身体。不管参天大树还是青青小草，都因为有这些小家伙的努力，才能骄傲地站在大地上。不过，树木可以一年年长粗长高，小草却不能。这是因为树木的根和茎里比小草多一层组织——形成层。形成层每年都会长出新的细胞，当然树也就跟着越长越大了。

植物学家发现，竹子的个头是由它的芽，也就是竹笋决定的。竹笋有多少节，竹子长大就有多少节。竹笋有多粗，竹子就有多粗，一点也不会再长。竹竿，也就是竹子的茎，里边并没有形成层，这个特点和小草是一模一样的。所以竹子不是树木，跟水稻、小麦、芦苇这些倒是比较接近。如果仔细观察，这些植物的茎和竹竿很像，都是空心的，所以竹子被分在了禾本科里面。不过，因为竹子里边的木质纤维特别多，跟草本植物又不完全一样，所以植物学家单给它们分了一类，起名叫"竹亚科"。

其实竹子一开始也是实心的，慢慢地，竹节中间的部分萎缩、消失掉了，宝贵的营养全都给了外边一圈维管束，还有保护维管束的表皮，最后就成了"皮厚、空心"的模样。因此，同样高度的竹子比树木要轻很多。而且，竹子是一节一节的，就像一层一层的摩天大楼。竹节就像两层楼之间的水泥板，从里边牢牢固定住竹子的身躯，所以竹子可以长到很高很粗，而不会压坏自己。空心结构的竹子柔韧性特别好，就算胖乎乎的熊猫在上面呼呼大睡、淘气的金丝猴拉着竹枝打秋千，竹子也不当一回事儿。遇到狂风暴雨，竹子会暂且弯下高大的身板。风雨过后，它又笑哈哈地在山上向你招手了。

竹子又轻又坚固，拿竹子做扁担、编箩筐、盖房子、扎篱笆。人们吃饭用竹筷，睡觉躺竹床；嘴馋了，炖一锅竹笋；寂寞了，吹一曲竹笛。云南的巨龙竹能长到30米高，相当于10层楼的高度；直径足足有30厘米，比一般人家的汤碗还粗。当地老百姓把巨龙竹截成一节一节的竹筒，用来当水桶打水。江西井冈山上，毛竹一眼望不到边，竹林层层叠叠，随山起伏，就像翠绿的大海。还有四川卧龙保护区的箭竹，早已和大熊猫一起走出国门、名扬海外了。

竹林

中国人打从心底里喜爱青青的竹子。全世界的竹子大约有 1 200 种，中国就有 500 多种，占了几乎一半。老祖先早在几千年前就发现空心

说起这箭竹，曾经发生过一件稀罕事，牵动了全国人民的心。1983 年，四川九寨沟的箭竹突然大片大片地开花了。而箭竹一生只开一次花，

开花就意味着死亡。没有了箭竹，大熊猫就没有吃的。为了不让可爱的大熊猫饿死，人们纷纷慷慨解囊。因为救援给力，箭竹没有完全消失。不过，竹子开花这个特殊现象，从此就被大家深深记住了。

和其他开花结果的植物一样，竹子开花也是为了繁殖后代。但是，其实竹子有两种繁殖后代的方式。第一种，也是最常见的方式，是依靠地下的茎来繁殖。竹子的地下茎又叫竹鞭，竹鞭在泥土里横着长，每一节发一个新芽。有的新芽长成竹笋，最后破土变成竹子；也有的芽长成了新的竹鞭，和老竹鞭连在一块儿，继续在地下孕育新芽。所以一根竹子可以孕育出整片竹林，整片竹林就这样被连成一体，共享一条竹鞭。第二种方式很少见，就是开花结籽。大多数竹子需要经过很长的时间，积累足够多的营养，才能开花。像最常见的毛竹，差不多60年才开一次花。等花儿开好了，竹子的生命就结束了。有时遇到自然灾害，环境恶劣，竹子也会提前透支自己的生命，开花结籽，将生存机会留给下一代。一大片

竹林往往同时开花，开花后就一起死去了。所以平时我们是很难看见竹子开花的。不过，也有些竹子每年开花，比如群蕊竹，这样的品种很少，在我国也不太常见。

说到这里，相信你们对坚韧不拔的竹子又多了几分了解了吧？最后总结一下这一期的内容：竹子的茎秆细细长长的，竹竿是一节一节的，两节之间是空心的；在分类学上，竹子既不是草，也不是树，它可以通过茎来繁殖，也可通过开花结籽的方式繁殖，不过开花往往意味着竹子生命的谢幕。

● 每期一问 ●

拿起竹筷吃竹笋，你们知道筷子和竹笋分别来自竹子身上的哪个部分吗？

参考答案：筷子来自竹子的茎（竹竿），竹笋是竹子的幼芽。

24

石榴：装着玛瑙的大胖子

扫一扫
听科学家讲科学

开门见山

秋高气爽，风轻云淡，在市场上挑选一个白里透红的石榴，用小刀在外皮上划下几个口子，然后用力剥开，一颗颗红色或者白色的"玛瑙"便映入眼帘。将"玛瑙"剥出，一大把塞入嘴中，酸甜的果汁沿着嘴角流下，实在是让人欲罢不能。那么，你们有没有想过我们吃的石榴是长在树上还是草丛里的？石榴的老家在哪里呢？走，跟着科学队长一起去看看这种美味的"玛瑙"吧！

队长开讲

石榴是一种美味的水果，它肚里的"玛瑙"虽然不能让它成为水果界的贵族，但是却征服了

无数人的味蕾。那么，你们有没有想过我们吃的石榴是怎么长出来的？石榴的老家在哪里呢？今天，我们就一起聊聊这种美味的"玛瑙"吧。

石榴

如果按照拥有"宝石"数量的多少来决定谁是水果界的土豪，那这个称号可能非石榴莫属了。然而满肚子的"玛瑙"并没有让石榴变得高傲。相反，在水果市场，它的售价还是相当平易近人

的，大部分人都能品尝到它的美味。石榴肚子里一颗颗的"玛瑙"是怎么来的呢？

要回答这个问题，科学队长就要先跟你们说一说石榴这种植物的一些特点。这些"玛瑙"当然不是真正的宝石，而是石榴的种子，种子的最外面是一层红白色的特殊结构——外种皮，这让石榴种子看起来像晶莹剔透的玛瑙。种子是种子植物下一代幼小的个体，它们是由上一代植物体的胚珠发育而来的。我们常吃的水果，如苹果，种子数量比较少，一般很少超过 10 枚，而桃子一类的水果种子一般只会有 1 枚，比起这些水果来，石榴的种子数量实在是多不胜数。还没有人去专门数一数每一个石榴到底会长出多少枚种子吧？就连专业的植物学工具书里也只是记载了"石榴，种子多数"的字样。

植物学家非常看重石榴的"种子多数"这个特征，甚至把这个特征写到了它的学名里。

对于古代的人来说，"多籽的"石榴也是一种非常美好的象征，有着"多子多福"的美意，因此，在很多地区的古代文化中，都用石榴来象征种族的延续。

我们吃石榴就是吃它的种子。石榴美味的部分在种子的外种皮上，我们咬破外种皮，里面酸甜的汁液就会流出来。外种皮比较紧密地附着在里面的"核"上，核的最外层是骨质坚硬的内种皮，把这层内种皮咬破之后，核就露出柔嫩的部分，这部分是种子成长为新植物的关键部分，也就是种子的胚。因为有"核"的存在，我们吃石榴不能一鼓作气，将石榴籽全部咬破吃掉，而是需要停下来将这些籽吐出。于是就有很多人在思考：能不能像培育无籽西瓜一样，也培育出不用吐渣的无"籽"石榴？遗憾的是，我们还不能培育出人们期待的无"籽"石榴。这是为什么呢？前面我们说过，石榴的食用部位是种子外面包裹的外种皮，而吐掉的渣就是坚硬的内种皮和胚，一旦我们让石榴不再产生籽，那么美味的外种皮也就没有地方生长了，那样的石榴应该没有人喜欢吃吧？

说了这么多石榴籽的故事，那么，这个"土豪"石榴到底从哪里来的呢？

石榴的老家并不在中国，而是在万里之外的西亚地区，也就是亚洲的西部，具体来说是巴尔干半岛到伊朗一带。石榴的祖先在这里生活了千万年，后来人类的祖先从非洲大陆出走，在这里遇到了石榴，并且开始品尝它的美味。在存在于公元前4 000年左右的乌尔王朝的墓葬中，就发现了以石榴作为纹饰的皇冠。在公元前2 000年左右，善于航海的腓尼基人就通过船只将石榴从它的原产地带到了地中海沿岸的其他地方。石榴又是怎么来到中国的呢？通常认为石榴是在汉代传入中国的，最开始只种植在皇家园林"上林苑"和骊山的温泉宫中，以供皇族观赏。后来逐渐由观赏转变为水果食用，这个从万里之外传入的皇家御用之树渐渐变成了寻常百姓也能种植的果树，并且从当时的国都长安逐渐推广到了全国。

石榴

石榴树之所以受人喜爱，可不仅仅是因为它有好吃的"玛瑙"，它还有美丽的花朵呢。在上千年的栽培历史中，人们培育出了许多用于观赏的石榴品种，这些品种的"玛瑙"并不好吃，但是却有着漂亮的花朵。最普通的石榴只有一轮红色的花瓣，而很多用于观赏的石榴可以开出有一轮白色花瓣的花，或者有很多轮红色花瓣的花，甚至开出有很多轮带有白色花边的红色花瓣的花，不得不让人感叹园艺学对植物之美所做出的贡献。

这一期,科学队长给大家讲述了石榴的故事:石榴有大大的肚子，肚子里有很多像玛瑙一样的种子，我们吃的石榴实际上是石榴的外种皮；虽然我们很容易在市场上购买到石榴，但是它的老家可不在中国，而是在遥远的西亚；石榴树不仅可以结出美味多汁的石榴，还可以作为观赏树。

• 每期一问 •

石榴的老家在哪里呢？

25

别碰我，我害羞！

扫一扫
听科学家讲科学

● 开门见山 ●

有一种非常娇羞的植物，别说摸它了，哪怕是轻轻摇一摇，甚至是对着它稍微用力吹吹气，它都会浑身"哆嗦"，扭扭捏捏地闭上张开的叶子。等过了好一会儿，瞅见周围没人打扰自己了，它才大松一口气，慢悠悠地"伸"个懒腰，把枝叶重新伸展开来享受阳光。你们猜到这是什么植物了吗？

图 含羞草

● 队长开讲 ● 科学队长 Captain Science

小朋友们，这一期我们讲讲大名鼎鼎的含羞草。

如果你们仔细观察含羞草的叶片，会发现它和羽毛特别像。这是因为含羞草属于豆科，是一种多年生的草本植物。它的每一片叶子都由对称的两排更小的"叶片"组成。然而，许多人可能并不知道，这两排"小叶"所组成的整体，才是一片含羞草叶子。如果科学队长让你们摘一片含羞草的叶子，可一定要摘下两排小叶组成的一片完整的叶片哦。科学家们把这种类型的叶子叫作"羽叶"，因为它们看起来像一片片绿色的小羽毛。

含羞草的花期比较长，它们之中特别爱美的，总喜欢在每年的 3 月、春天刚到不久就迫不及待地开花。而那些比较矜持的，则会磨蹭到 10 月份，才在秋天金色的阳光里羞答答地开出红红的花。

含羞草的花是球形的，由粉紫色的"绒毛"组成，非常可爱。既然是"花"，你们可能会联想到，那些细细的"绒毛"应该就是含羞草的"花瓣"。事实上，含羞草的花瓣已经退化了，变得特别小，肉眼几乎看不见。而那些软软的"绒毛"，其实是它发达的雄蕊。这种类型的花在自然界中还有很多，比如我们熟悉的合欢花。一些小说或者电视剧里偶尔会提到，收集合欢"花瓣"做"花瓣糖"，听起来特别浪漫，但事实上，他们收集的都是合欢花的雄蕊，真正的花瓣早就退化得看不到了。

在英文里，含羞草被叫作"touch me not"，翻译过来是"别碰我"，这个名字生动地表现出了它最大的特点——容易"害羞"，不喜欢被别人碰。那么，你们知道含羞草为什么这么"怕羞"吗？

其实，植物都是由一个一个细胞组成的，这些细胞里都有大量的水。细胞里的水和水里包含的物质给了细胞壁一定的压力，使得它们能够保持自己饱满的身材，就像充满了气的游泳圈一样。科学家们把这种压力称作"膨压"。对于一株含羞草来说，在没有被谁"打扰"的情况下，膨压使得它能够尽情伸展"腿脚"，把身体挺得笔直，以便享受更多的阳光。当这株含羞草受到某种刺激，比如被我们伸手摸了一下，或者有一只小动物突然与它擦身而过，这时，被碰到的叶片根部，微微膨大的叶柄里，有一些收缩蛋白会被激活，迅速地反应过来，好像一个敏捷的"开关"。在它的影响下，原本直立着的叶柄会在被碰触之后突然耷拉下去，好像想要躲开一样。

另一方面，含羞草的叶片之所以会合在一起，是因为它在感受到外界刺激时，体内的某些区域受到了"惊吓"，突然间释放出一系列不同的化学物质，比如钾离子。这些化学物质多的时候，会导致细胞里的水往外面跑，水跑掉之后细胞里的膨压就变小了。原本饱满的细胞会因此而塌陷，也就是说，它没办法继续保持自己的身材了。这种现象出现的直接后果就是：叶片闭合起来。有的时候，碰一碰含羞草，触碰造成的反应范围除了被碰到的那一片小叶，还会顺便往旁边的小叶上扩散。正因为如此，假如我们找一株含羞草，用指尖轻轻地碰一下它的叶尖，运气好的话，会看到被碰到的那一片羽叶，从叶尖上那一对小叶开始，一对一对地慢慢闭合起来，特别好看。

我们知道，一般情况下，植物很少会像含羞草这样爱动。对大部分植物来说，快速地运动，比如把叶片突然合起来，过一会儿又再张开，会消耗很多的能量。与此同时，植物主要利用它们伸展开来的叶片进行光合作用，为自己合成养分。而大白天突然把叶子合起来，对于植物来说就好像突然闹脾气，"罢工"了一样，植物体会失去"食物来源"。因此，科学家们对含羞草为什么会有"害羞"的反应感到十分疑惑。这不但会消耗多余的能量，还影响了养分的合成，看起来这种做法对含羞草来说是有百害而无一利呀，它为什么会进化出这种机制呢？

到目前为止，还没有绝对的证据证明含羞草为什么会演化成这样，科学家们猜测：这种"害羞"反应应该是一种防御机制。

想象一下，假如有一只在寻找食物的小虫子，它会选择哪种植物来吃呢？是那种叶子张得大大的，一动不动的，还是它旁边那个随便碰一下就"哆嗦"着把叶子猛地收起来，连枝条都耷拉下去的"家伙"呢？虫子们是不是更可能会吃那个一动不动、乖乖的植物呀？科学家们认为，含羞草这种迅速的"害羞反应"能一定程度上"吓跑"

一些胆子比较小的捕食者。

　　虽然含羞草的反应非常有趣，但我们要知道，在被碰触或者打扰过后，含羞草要花费很多工夫才能重新合成足够的营养。下次看到含羞草时，如果你们实在好奇得不行，可以伸手轻轻碰它一下，但千万别反复"打扰"它哦。

• 每期一问 •

　　植物细胞里的水和水里包含的物质给了细胞壁一定的压力，使得它们能够保持自己饱满的身材，这种压力叫什么名字呢？

答案请见：膨压。

26

莲藕上为什么有孔?

扫一扫
听科学家讲科学

●开门见山●

碧绿的莲叶上，滚动着一颗颗晶莹的露珠；在莲叶之间，是亭亭玉立的莲花。不过现在，让我们把视线从美丽的莲花身上移开，把注意力转向那深深的水底。毕竟，要供养这样吸引人眼球的花朵，靠的还是深陷在淤泥之中的部分，那就是莲藕。

●队长开讲●

说到莲花，你们肯定不会感到陌生。此时此刻，你们的脑海里说不定已经浮现出了这样一幅画面：碧绿的莲叶上，滚动着一颗颗晶莹的露珠；在莲叶之间，是亭亭玉立的莲花；还有蜻蜓飞过来，立在俏生生的花瓣上。它看起来是那么纯洁，"出淤泥而不染"，说的就是莲花了。不过，莲花的美丽得靠底部莲藕的滋养。只要你吃过莲藕，那就一定不会忘记，在莲藕的中间布满了一个个的小孔。真奇怪，这些小孔都是干什么

莲藕

用的呢？难道是被蛀虫咬出来的吗？

　　要回答这个问题，先听科学队长来讲一讲什么是莲藕吧。

　　除了花，莲当然也有根、茎、叶，莲藕就是其中的"茎"了。如果从污泥里把莲藕刨出来，我们会发现，它就像一条白生生的手臂，而且还是一节一节的，就好像手臂中间有肘关节一样。也难怪在传说故事里，哪吒就是用莲藕重新做成了自己的四肢呢。在莲藕那些关节的位置上，会长出根须，向下扎进淤泥里吸收养分；也会长出叶芽和花芽，向上生长，等待着有一天长叶或者开花。

　　不仅莲藕里面都是孔，其实莲叶的叶柄也不是密密实实的。在我国古代，风雅的文人们有一种喝酒的方法，就是采下一片莲叶，用簪子刺破莲叶中间连接叶柄的部分，然后把酒倒在莲叶上，嘴巴含住下面的叶柄，叶柄就像吸管，会让美酒流到嘴里去。了解这种特殊的饮酒方式后，你们应该已经发现了：莲叶的叶柄肯定是中空的，所以才能当成吸管来用嘛。实际上，莲叶的叶柄里面有很多的孔道，与其说它像一根吸管，不如说更像是一大把连在一起的吸管。

莲叶的叶柄

　　同样，莲藕也是中空的。它的那些小孔既不是人们钻出来的，也不是虫子蛀的洞，而是天生就有的。那么，叶柄和莲藕为什么都有孔呢？

　　我们知道，莲是一种水生植物，莲藕总是埋在水底的淤泥里。可是，植物的生长离不开空气，而水底的淤泥里空气很少，更要命的是，莲的根部已经退化，没有本领从淤泥里吸收足够的空气。这可怎么办呢？

别担心，莲想出了一种特殊的呼吸方法。它的叶柄伸出水面，内部的"小吸管"们就可以把空气导入水下。藕的节与节之间会长出根须。空气正是通过藕里面的小孔传送给了这些根，让它们虽然深深扎在淤泥里，却依然可以自由地呼吸。

请大家想象一下：如果一个人藏在水里，长时间不能呼吸，那他肯定受不了。但是，如果他嘴里含着许多吸管，吸管的一头伸出水面，那他不就可以靠吸管来呼吸水面上的空气了吗？莲藕和叶柄里面充满小孔，就是这个道理。简单地说，那些小孔就是传送空气的通道呀。

莲的这种呼吸方式是不是很奇妙啊？科学队长告诉你们哦，还有更奇妙的呢！当莲花都凋谢了，只剩下中间的莲蓬时，你会发现，莲蓬竟然也是很疏松的，就像海绵一样，存储着大量的空气。所以，每当莲子成熟以后，莲蓬整个掉落在水面上，并不会马上沉下去，而是可以长时间地漂浮。它就像一件救生衣，包裹住里面的莲子——也就是莲的种子。莲子们穿着这件救生衣，就可以漂到远方去生根发芽了。

莲藕

总有一天，莲子会从莲蓬里脱落，沉入水底，找到它新的家园。可是，也有一些莲子没有生根发芽，而是在淤泥中静静地休眠，这一睡可能就是几百上千年。所以，直到今天，我们还有可能在历史古迹中找到古莲子，它们来自久远的古代，却依然暗藏着活力。只要环境合适，在精心的培养下，古莲子还是可以重新焕发生机，成功地长出莲花来的。它们并不是博物馆里的古董，而是穿越时空的生命，但同样能让我们感受到历史的气息。

说了这么多关于莲的故事，科学队长还要提醒你们：千万不要把睡莲也当成莲花家族的成员哦。莲虽然有很多的小名，比如荷花、芙蕖，可是睡莲跟莲却不是一回事。

在我们国家的很多地方，莲藕是经常出现在餐桌上的一道美食。下一回，如果你们也吃到了莲藕，不妨用筷子夹起一片，指着上面的小孔，告诉小伙伴们它到底是干什么用的。

人们经常赞美"出淤泥而不染"的莲花，但是我们也不要忘记，莲花可以那么高雅纯洁，正是因为有埋在淤泥里的莲藕，在想方设法地呼吸，努力地为莲花提供养分呢。

● 每 期 一 问 ●

莲藕，是莲的根还是茎?

每期答案：茎。

27

谁知盘中餐，粒粒是稻草

扫一扫
听科学家讲科学

● 开门见山 ●

禾本科有 700 多个属，约有 12 000 种植物，是世界上被子植物物种数量最多的种类之一。你们知道吗？我们的衣食住都与禾本科植物息息相关。我们吃的米饭、包子、面包、刀削面、过桥米线、窝窝头等都是来自禾本科。用来调味的甜甜的白砂糖，睡起来舒服又凉爽的竹席，还有饭后帮助我们清洁牙齿的牙签也都来自禾本科。禾本科可以说在我们的生活中是无处不在，那么，你们真正了解这些禾本科的植物们吗？这一期我们就一起来聊聊禾本科植物吧。

● 队长开讲 ●

禾本科有 700 多个属，约有 12 000 种植物，是世界上被子植物物种数量最多的种类之一。我们的衣食住都与禾本科植物息息相关。我们吃的米饭、包子、面包、刀削面、过桥米线、窝窝头等都是来自禾本科植物。

南方人喜欢吃米饭，一日三餐至少有两餐是以米饭为主食。为我们带来了大米的植物叫"稻"，属于禾本科稻属。农民伯伯们常常栽培的稻米可以分为籼稻和粳稻两大类。籼稻喜欢温暖的气候，它耐热耐湿耐强光，但就是怕冷，所以喜欢生活在温暖的南方，籼稻的米粒就像南方的小姑娘一样身材纤细。而粳稻恰恰相反，有着耐寒的本领，一般在北方或者南方高海拔地区种植，米粒比较圆润的东北大米就是这个类。在籼稻和粳稻中，有一部分米是带有糯性的，也就是我们常说的糯米，所以糯米也可以分为籼糯米和粳糯米。糯米一般是不透明的白色，英语叫"sticky rice"，就是"黏糊糊的大米"的意思，这是因为它们煮熟之后会变得黏黏的。

稻成熟之后，可以收获种子，这就是稻谷。稻谷去壳后，得到的就是我们平时吃的香喷喷的大米了。我们吃的大米，在植物学上叫作"胚乳"。胚乳可是禾本科植物种子里特别重要的组成部分呢，它里面富含淀粉、蛋白质、维生素等营养物质，这些营养成分是种子萌芽、长出小苗的营养储备哦！

正是因为大米有着丰富的淀粉，可以给人体补充能量，其他一些营养成分也大多能被人体吸收，再加上产量相对比较高，我们的祖先在很早之前就把大米当作主食了。大米除了可以做成香喷喷的大米饭之外，还可以做成粽子、汤圆、米糕，还有各种米粉，比如大名鼎鼎的云南过桥米线、桂林米粉、广东肠粉、柳州螺蛳粉等，都是由大米制作而成的。

相对而言，包子、饺子、面条等面食经常出现在北方人的餐桌上。面食主要来源于禾本科小麦属的植物——小麦。我们通常所说的"面"，就是由小麦的种子去壳后加工而成的。跟大米一样，我们吃的部分也是胚乳。小麦的胚乳，除了含有丰富的淀粉之外，还有丰富的蛋白质。生面粉经水冲洗后，除去了淀粉和水溶性蛋白，剩下的部分就叫面筋蛋白，也就是我们吃的炸面筋的组成部分啦。不过，面筋蛋白可不只有一种蛋白质，它是一种混合物，除了含有 75% 以上的蛋白质外，还含有一些其他物质，比如淀粉、纤维、糖、脂肪、类脂和矿物质等。

面筋蛋白在面粉中所占的比例会影响面制品的质量。不信你们问问面包师，他们做面包、面条、蛋糕的时候，是不是都要根据不同的需要，选择高筋面粉或者低筋面粉呢？这里的高筋和低筋，指的就是面筋蛋白含量的高低啦！

另外，还有一种来自禾本科的食物，不管是南方还是北方的朋友应该都会喜欢，它就是玉米。玉米在植物志上叫玉蜀黍，属于玉蜀黍属。玉蜀黍这个名字虽然听起来有点萌，但这样叫它的人不多。不同的地方对玉米的称呼也不一样，有些地方叫它苞谷，有些地方叫它棒子，有些地方叫它粟米，你的家乡把玉米叫作什么呢？

玉米跟大米和小麦不一样，它不需要把种子外面的"衣服"撕掉，弄熟之后就能吃了。现在甚至有一些叫"水果玉米"的玉米品种，不用煮熟也能食用。但是，你们知道吗？包在玉米棒子外面一层一层的"衣服"，在植物学上叫作"苞片"，这些苞片可是玉米粒这些种子的守护者哦。

玉米的花序分雌花序和雄花序。雄花序比较小，不能长出玉米棒子；能长玉米棒子的是雌花序。如果是刚采下来的玉米，我们会看到玉米的顶端有好多"胡须"，这些"胡须"就是玉米的雌蕊啦。每一根"胡须"都是它的花柱，一部分露在苞片外，另一端连接玉米粒。禾本科植物的

玉米

花粉大部分是依靠风来传播的，我们把这样的花叫作"风媒花"。雄花产生大量的花粉，一阵微风吹来把小小的花粉吹散在风中，而当玉米的"胡须"粘上花粉后，就可以成功授粉，发育成玉米粒。怎么样？下回吃玉米的时候，就可以给爸爸妈妈讲解一下玉米胡须的功能了吧？

我们都知道竹子里面是空心的、一节一节的，这其实也是很多禾本科植物的特征呢。竹子也是禾本科里比较特殊的一类，不过跟普通的稻草不同，它的竿木质化了，所以变得很坚硬，可以长很高很高。在禾本科植物里，一般把草本类植物的茎用"禾"字部的"秆"来表示，而竹类的茎

则用竹字头的"竿"来表示，以此来进行区别。竹竿的木质化，给我们带来了许多的好处，很多日用品中都用到了竹子。比如我们用的牙签、毛笔的笔杆、铺在床上的凉席，等等。在竹子刚从土里长出来的时候，还没来得及木质化，就被我们拿来炒菜吃了，这就是我们常吃的竹笋。所以你们现在知道，为什么太老的竹笋会咬不动了吧？

虽然常见的禾本科植物中大部分的茎都是空的，但也有例外，比如玉米的秆就是实心的。此外，还有一种秆是实心的禾本科植物，我想就算你们没有直接吃过也会间接吃过，那就是甘蔗。甘蔗的茎秆含有丰富的糖分，吃起来甜甜的，用力咀嚼就会流出丰富的汁水，清甜可口，但蔗渣含有丰富的纤维，容易伤到嘴巴，因此很多南方地区都把甘蔗榨成汁当成饮料来喝。不仅如此，甘蔗汁还可以直接蒸干加工成红糖，红糖作为甘蔗的粗制品被很多人喜爱，而白砂糖作为甘蔗的精制品更是很多食物的甜味添加剂，很多美味的菜肴都不能缺少它。

禾本科植物的种子和茎都可以被利用，那么它们的叶子呢？有一类禾本科植物的叶子就有较高的利用价值，它们被统称为"香草"。香草是来自香茅属的植物，这个属的植物是一类重要的草本香料，其中最常用的一种叫柠檬草。顾名思义，柠檬草的叶子可以散发出柠檬般清香的味道，不仅可以作为调料让菜肴的口感更加丰富，还可以当茶来泡，也可以提取精油加工成香水、肥皂以他一些化妆品等。

禾本科还有许许多多常见的植物，墙角边上，草地里，溪流边，高山上……更多关于它们的故事还等着我们去发现呢。

● 每期一问 ●

我们所食用的大米，是稻的哪个部分？

答案参考：种子。

28 榕树爷爷的胡须是什么?

扫一扫
听科学家讲科学

● 开门见山 ●

在我们读过的很多童话故事里，每当说到榕树，总会看到这样的称呼——"榕树爷爷"；而在另一些故事中，慈祥的"榕树爷爷"却被叫作"榕树杀手"。当我们真正看到许多拍摄自热带雨林的照片时，就会发现榕树的确像故事里的描述一般，有着长长的数不清的"胡须"。那么，榕树的这些胡须到底是什么呢？大自然"独木成林"的神奇景观让人流连忘返，这些"独木成林"的奇观究竟是怎样形成的？热带雨林中的榕树，又为什么会有一个"榕树杀手"的别称？而这些和榕树的胡须又有着怎样的关系呢？在本期节目中，科学队长将带着大家一起，找到这些问题的答案。

● 队长开讲 ●

如果你们真正见到过热带雨林中生长着的榕树，一定也会注意到：从榕树高高的枝干和树冠里，有数不清的又长又直的"胡须"垂下来，一直向下深入地里，那么，榕树的这些"胡须"到底是什么呢？

巴金先生在《鸟的天堂》里曾经这样写道："一棵大树，有着数不清的枝丫，枝上又生根，有很多根一直垂到地上，进了泥土里。一部分的树枝垂到水面，从远处看，就像一棵大树躺在水上一样。"没错，我们看到的榕树的"胡须"就是榕树发达的气生根。气生根，顾名思义，就是植物在空气中生长出来的根系。那么，榕树为什么会长出如此特别的气生根呢？原来，在热带雨林潮湿炎热的气候里，榕树们在充足的阳光雨露的滋养下，发育得非常迅速，它们尽情伸展着枝丫，很快就织出了茂密的树荫。然而，相比于可以快速生长的树枝与树叶，榕树主干的生长速度却相对缓慢，树根从土壤中吸收营养成分并向上运输的速度，来不及供应快速生长的树冠。这个时候，榕树的枝干就会长出很多的气生根，这些气生根尽情地从热带雨林潮湿的空气中获取氧气与水分，并不断地向下生长，一直深入泥土之中。气生根在吸收养分的同时，也可以对生长出来的枝叶起到进一步的支撑和加固作用。所以，与其说榕树的气生根是它们长出的"胡须"，倒不如说这是榕树适应环境，向外生长扩散的"脚"。正是因为有着这些特殊的气生根，一棵榕树可以蔓延扩散出非常大的面积，远远地看上去，就像是茂密的树林。

 榕树

刚刚说到的《鸟的天堂》里所描述的，便是这样"独木成林"的神奇景象。文中郁郁葱葱地覆盖了占地二十几亩的整个湖心小洲的主角，正是这样一棵生长了 500 多年的大榕树。在 500 多年的时间里，这棵榕树不断生出枝叶，再从枝叶里扎根向下，终于利用它发达的气生根长成的"脚"，走遍了整个小岛，也使得我们看到了"独木成林"的神奇景象。

可是，这样神奇的景观，也透露出了热带雨林中榕属植物鲜为人知的一种生存策略——"绞杀现象"。因此，在很多故事里，榕树也有着这样一个令人胆战心惊的名字——"榕树杀手"。这就要从榕树种子的传播萌发说起了。榕树的果实有一个大名鼎鼎的亲戚，它就是无花果。和无花果非常相似，榕树也没有开出明显的花朵：看起来，就像魔术师一样直接在树上长出了果实，然后果实逐渐长大，直到鲜艳成熟，成为我们可以食用的果实。在这个过程中，并没有"开花"的现象，也看不到由花到果的转变过程。难道它们真的会魔法，不需要开花就能结出鲜美的果

实？其实，无论是榕树还是无花果，它们都是有花的，而且它们的花不是一朵，而是许许多多聚集在一起。与单独开一朵的单花对应，这一类花被称为"花序"。而只要我们纵向切开一个无花果，就可以明白无花果"无花"的奥秘了：无花果和榕树的花序非常特殊的一点在于，原本生着小花的"花座"向外延伸扩大，反而将所有小花包入了花座中。花序中所有的小花就在花座的包裹下生长、绽放、结实，而我们能看见的，只有与未来成熟的果实几乎一模一样的花序在树上萌生、长大。这样一种特殊的花序，叫作"隐头花序"。原来它们的花在和我们玩捉迷藏，它们藏得如此隐蔽，我们当然很难发现啦！

说完了榕树的开花结果，现在我们再回到榕树种子的传播。当榕树的"隐头花序"成熟后，榕树的种子就被包裹在肉质的花座里面，种子的表面还具有难以消化的种皮。鸟儿吃了榕树的果实，却不能消化里面的种子，仍有生长活力的种子便随着鸟儿粪便被排出来，遇到合适的环境，就会萌芽生长。也正是这样，榕树的

种子可以通过鸟类，被传播扩散到很远的地方。有时候，鸟儿将榕树的种子带到其他植物的枝干缝隙里，种子便在这里萌芽生长，长出强壮的气生根。气生根蔓延向下，最终会包裹住整棵"宿主植物"，随着榕树生长壮大，可怜的宿主植物枝干的生长空间不断被榕树发达的气生根掠夺，并最终死于其强力的"绞杀"之下。有时在热带雨林的照片中，我们会见到榕树的主干部分，发达的气生根盘绕形成的圆柱形的"空筒"。其实，这样的"空筒结构"就是榕树的"宿主植物"被绞杀死亡，最终腐烂消失后留下的貌似空筒的"遗迹"。

当然，这样的"绞杀"现象，仅仅是榕属植物中的一种特有现象。而榕树的近亲无花果就比它温柔亲切得多，并不会出现"绞杀"行为。其实，榕树和无花果都属于植物王国中的同一个家族——桑科。而提及桑科，你们第一个会想到的应该就是桑树了。桑树不仅可以结出美味的桑葚，在我们千年的丝绸文化中，采桑与养蚕更是密不可分。除了桑树，我们熟悉的构树、柘树、波罗蜜等，也都是桑科家族的成员。

● 每期一问 ●

榕树和无花果都属于桑科吗？

答案参考：是的。

29

太阳下山后，向日葵的脸朝哪个方向？

扫一扫
听科学家讲科学

●开门见山●

又香又脆的葵花籽，很多人都爱吃。用它榨成的葵花籽油，也经常出现在厨房里，是炒菜的好原料，营养价值也很高。葵花籽是什么植物的种子呢？葵花籽的妈妈可不寻常呢！古代人给它取了"迎阳花""向日菊""向日葵""望日莲"等名字。发现了吧？这些名字都有朝向太阳的意思呢。你们是不是会有疑惑：既然向日葵喜欢面朝太阳，那太阳下山后，它的脸朝哪边呢？

●队长开讲●

又香又脆的葵花籽是什么植物的种子呢？葵花籽的妈妈有几句打油诗可以概括："高高个儿一身青，金黄圆脸笑盈盈。天天跟着太阳转，结的果实数不清。"对了，它就是向日葵。我们画一个大花盘、一根茎和几片大叶子，分别涂上颜色，就能够看出它大概的模样了。

向日葵长着瘦瘦高高的个子，身体是一根笔直的、有点硬的茎，举着绿色的大叶子，一般每棵向日葵有 30 多片叶子。普通的向日葵身高 2 ~ 3 米，能长到一层楼的高度，有的向日葵甚至能长到 9 米高，将近三层楼那么高呢。向日葵是菊科植物，头上顶着一个大大的花盘，周围是一圈金黄的花瓣，花盘上整齐排列着一簇簇的小花，这个包含着小花的大花盘在生物学上叫作"花序"。我们吃的葵花籽就是向日葵的种子，结在这个大花盘上。

　　向日葵的老家在美洲，16 世纪的时候被欧洲人带到了欧亚大陆。它不仅外表美观，种子还可以吃，叶子也能做饲料，对环境的适应性又特别强，所以很快在世界各地种植起来。人们除了种植产葵花籽的向日葵外，也会培育一些用于观赏的品种，这样的向日葵身材就要小得多了，可以插在花瓶里，花瓣也有不同颜色。有一位名叫凡·高的大画家，以向日葵为主题创作过一幅油画，他画的就是用于观赏的向日葵。我国种植向日葵是从明代开始的。最开始，古人给它取名"丈菊"，因为它的高度是 3 米左右，差不多相当于1 丈，又因为它长得像菊花，所以叫作"丈菊"。后来因为古人发现它的花朵有向着太阳的特性，就给它取了"迎阳花""向日菊""向日葵""望日莲"等名字。发现了吧？这些名字都有朝向太阳的意思呢。

　　你们是不是会有疑惑：既然向日葵喜欢面

夕阳下的向日葵

朝太阳,那太阳下山后,它的脸朝哪边呢?有人会说:"既然太阳从东边升起,西边落下,那么白天向日葵的脸一直跟着太阳的方向转动,也是从东边转到西边,晚上它大概会"刷"地一下来个大甩头,从西边转向东边吧?"会不会有这种情况呢?科学队长带你们一起去探个究竟吧。

　　其实,向日葵并不真是一直在追随太阳的。只有在盛开之前的成长阶段,它的花盘才追随太阳的方向转动;在花盛开之后,花盘就固定朝着东方,不再转动了。而且,在成长阶段,向日葵也不是紧跟着太阳的方向转的。科学家通过观测发现:向日葵花盘的方向是跟随在太阳后面的,比太阳跑得慢一些。举例来说,太阳跑到正午的时候,向日葵的花盘大约指到太阳在 11 点 10 分左右的方向。

　　向日葵在成长阶段为什么会跟着太阳转呢?这是要满足它生长的需要。在向日葵花盘背面的茎里含有植物生长素,它是一种激素。植物体内一般都含有生长素,它可以让植物细胞分裂

得更多、长得更快,从而使得植物体的细胞越来越多。我们知道,动物、植物都是由细胞组成的,细胞数量的增加,可以促进植物的生长。但是,生长素有怕光的特点,一旦遇到光线,它会集中到背光的地方去。背光的地方聚集了太多的生长素会怎样呢?对了,可以让背光一面的细胞增加。我们想一想,就像盖楼房一样,"砖头"增加了,墙就垒得高。背光一面细胞增加了,它就比向光的那一面长得快。所以,当花盘背面比正面长得快的时候,花盘就朝着太阳的方向弯曲了。这样,太阳每天东升西落,它体内的生长素也为了躲着太阳而变化着自己的位置,因而花盘也就跟着太阳转了。那么,当夜晚到来的时候,向日葵真的会来个大甩头吗?哈哈,不会这样的。在太阳落下去之后,生长素不用再躲避阳光了,向日葵会低下头,慢慢往东转,恢复到原来的状态;太阳升起之后,它会再抬起头,继续随着太阳的方向转动。这样,它不用突然大甩头也可以追随太阳了。

　　为什么向日葵的花盘盛开后,就不再跟着

太阳转动，而是固定朝向东方呢？这也是它生长的需要——向日葵的花粉怕高温。我们知道，一天当中正午阳光最强烈、温度最高，所以它的花盘朝向东方，可以避免正午阳光的直射。那么，它为什么不干脆低着头呢？这是因为早上的向日葵需要清晨的阳光烘干身体上的露水，长期潮湿的环境不利于小花的生长；而且阳光将向日葵的花盘晒得暖暖的，小昆虫们喜欢待在这样的地方，

这样可以帮助向日葵传粉。

听完科学队长这一期的介绍，你们应该知道了：成长阶段的向日葵会跟着太阳转，这是因为它体内的生长素在和阳光"捉迷藏"；太阳下山后，向日葵会耷拉下脑袋慢慢往东转；花盘盛开后，向日葵就固定朝向东方啦。

● 每期一问 ●

向日葵是一直追着太阳转吗？

参考答案：业晋。

30
美丽的毒药：夹竹桃

扫一扫
听科学家讲科学

开门见山

夹竹桃科植物的种类在整个世界范围内都非常丰富，它们通常有厚厚的叶子，体内流淌着白色的"血液"，有各种各样美丽的花。人们用它们来装点花园、绿化城市、做成食物，甚至还用来狩猎。夹竹桃们究竟有何特别呢？我们一起来认识认识吧！

队长开讲

不知道你们有没有注意过一些长着细细的硬叶子的植物，好多种颜色的花映衬着墨绿的叶子，格外好看。但是，家长们总是会提醒我们最好不要去摘，这是为什么呢？今天，就让

我们来聊一聊美丽的开花植物家族——夹竹桃科植物的小故事吧。

"夹竹桃"这个名字啊，是缘于人们觉得它们的叶子细细的，像竹叶，花朵却美艳似桃花。这类美丽的夹竹桃科植物，我们可以常常在身边的花园或市场中见到。它们四季常绿，却都比较怕冷，在北方不容易活下来，所以南方人会比北方人更容易见到它们。

它们的叶子一般是稍微厚实的，里面储存着不少的养分和水，因此夹竹桃科的植物通常比较能够忍受干旱的环境，也正是这个能在糟糕的

环境里茁壮成长的原因，南方人很喜欢选择它们作为城市绿化的先锋。

夹竹桃

夹竹桃科植物的花朵一般都像一个小喇叭，藏有花蜜的小管子上有颜色鲜艳的喇叭口，小喇叭的色彩很丰富，不同种类有不同的颜色，但大多都是吸引人的明快颜色，以此来吸引白天活动的一些昆虫，让虫虫们在吃花蜜的过程中，身上也带上花粉。这样，吃饱喝足的昆虫们在去访问下一朵花的时候，就能帮助植物完成传宗接代的重任啦。

不过，夹竹桃科植物中也有很多白色的花朵。白色的花朵不如色彩鲜艳的花朵这么引人注意，就只能使用另一个法宝——香甜的气息了。这类白色的花朵通常喜欢在夜里发出香味，这样，一些夜晚活动的昆虫，比如各种蛾子，就会被诱惑着前来帮忙传粉。因为有着洁白无瑕的外表和芬芳的气味，很多种夹竹桃科的植物会被用来装饰婚礼，做成新娘子的手捧花束，还有胸前佩戴的胸花，以此来带给宾客们美好的祝福。

说了这么多，你们可能还不知道夹竹桃这个大家族有哪些成员呢，下面科学队长就来说说在城市中我们最常见的夹竹桃科植物吧。其中一种有着很可爱的名字，它就是鸡蛋花，也叫作缅栀子，有着和栀子花相似的醇厚香味。鸡蛋花的花朵肉肉的，摸起来很厚实。还有一种喜阴的蔓长春花，黄绿色相间的小叶子中会开出紫色的小花。红花夹竹桃和黄花夹竹桃也很常见，它们可以长成小树，而且树干比较有韧性，分叉也多。科学队长小的时候，就常常去一片黄花夹竹桃小树林里爬树。不过我们要特别小心，如果把夹竹桃的树枝折断了，里面流出来的白色乳汁黏在衣服上可是非常难洗掉的呢。

🏳️ 鸡蛋花

👆 蔓长春花

夹竹桃的乳汁，我可要挑出来重点说一说呢。

2013年春节期间，福建泉州动物园的一只羊驼和一只小熊猫相继死亡，兽医检查之后发现它们体内都有夹竹桃叶子的残留。原来，夹竹桃科的植物，花、叶、枝、皮、茎都有毒，而这些毒恰恰存在于它们白色的乳汁中。这些乳汁中含有麻痹心脏的物质，假如人或者动物不小心吃了一点点，就会中毒，严重时甚至会致命。正是由于这毒性，非洲的一些土著居民，会将当地的几种夹竹桃的汁液涂在弓箭上用来打猎，一般猎物中毒之后就会慢慢失去活动能力。

这么说，虽然它们很漂亮，但我们却不能碰它们，这样岂不是很可惜？你们先不要害怕，虽然夹竹桃科的植物都是有毒的，但在我们公园里的夹竹桃并不会对人有任何的危害，反正我们都不会贪嘴去吃它嘛。而说到吃，虽然夹竹桃科植物普遍是有毒的，但在我国云南的一些地区，少数民族的"吃货们"还是有办法把一些夹竹桃科的植物做成美味佳肴哦。

云南南部的傣族、哈尼族、景颇族、拉祜族等少数民族会吃好几种夹竹桃科的植物，其中最常见的是酸扁果，又叫毛车藤。吃之前，他们会把果子的把儿切掉，然后等一段时间，让果子里有毒的乳汁流干了，再把硬硬的果肉刮下来拌着盐和辣椒吃，味道非常酸。哈尼族还会吃一种叫作"羊该"的植物果实，中文名叫作"云南羊角拗"，长得和酸扁果有几分像，一般两个果子长在一起，就像羊的两个角一样。他们把羊该幼嫩的果实腌制之后蘸盐和辣椒吃，同样也是非常酸的呢。而另外一种夹竹桃科的植物，叫作南山藤。南山藤从前可不是夹竹桃的家人，而是属于萝摩科，但是后来萝摩科全家都搬到了夹竹桃科，于是南山藤也成为夹竹桃的一员。当地人也把南山藤叫作"苦藤花"，顾名思义，它的味道非常苦，但是可以用来炒或煲汤。不过，夹竹桃科植物基本都是有毒的，小朋友们可不要随便尝试哦！

夹竹桃之所以有毒，是为了让动物们不敢

轻易吃掉它，不过这一招对有些昆虫可不起作用。如果你们仔细观察过的话，就会发现：绿化带里的夹竹桃上偶尔能看见一种绿色的、肉肉的毛虫，有两条宝蓝色的、像眼睛一样的斑纹，它们就是夹竹桃天蛾的宝宝。长大之后，它们会钻到土里化蛹，等上一段时间，再变成绿色的大蛾子钻出土面飞走。

除了云南的少数民族，也有昆虫喜欢吃前面提到的南山藤，青斑蝶和斯氏绢斑蝶等几种斑蝶的宝宝，就专门吃它。因为南山藤也有毒，蝴蝶宝宝吃了之后身体里也带上了毒素，这些毒素让很多鸟类望而却步，再也不敢吃它们了。可是，为什么夹竹桃的毒对这些虫子无效呢？这是因为从古到今，夹竹桃们的祖先和这些昆虫的祖先一起进化，植物变得越来越毒，昆虫也变得越来越能够忍受它们的毒，大家始终一起成长、一起进化，这就是科学家们说的"趋同进化"的概念。

夹竹桃科的植物种类非常丰富，它们体内的毒素让大部分动物望而生畏，却也有一些昆虫喜欢以它们为食。其实，生命经过了这么多年的进化，无论是人还是昆虫，都找到了适合自己的方式，和夹竹桃们一同生活在这个美丽的地球上。

● 每期一问 ●

鸡蛋花是夹竹桃科植物吗？

31
你吃的"木瓜"真的是木瓜吗?

●开门见山●

木瓜是我们日常生活中常见的水果,然而,如果你们细心观察就会发现,超市货柜上的木瓜通常是进口的,但是我们的祖先早在西周时候就有诗歌记载到木瓜,那为什么大部分木瓜还需要进口呢?原来,古人说的木瓜和我们现在吃的进口木瓜并不是同一个植物,只是恰好两种植物"重名"了。这究竟是哪两种植物呢?下面让科学队长带大家一起去探索木瓜的世界吧。

●队长开讲●

科学队长
Captain Science

你们喜欢吃木瓜吗?喜欢吃煮熟的木瓜还是生的木瓜呢?不管你们喜欢什么样的,科学队长要告诉大家,我们吃的木瓜,其实并不是真的木瓜哦!肯定有人要问了:"那我们吃到的是什么呢?"

《诗经》里有这样一句话:"投我以木瓜,报之以琼琚。匪报也,永以为好也!"意思是:"你把木瓜投给我,我把我的玉佩送给你,这不是为了报答,而是为了我们的情谊永远相好。"在这句话中提到了一种植物,也就是我们今天的主角——木瓜。说到木瓜,大家是不是想起了平时被我们当作水果来吃的木瓜呢?科学队长首先要强调的一点就是:我们现在食用的木瓜其实是番木瓜,并不是古人诗歌里所说的木瓜。虽然木瓜和番木瓜只有一字之差,但是在植物王国里,它们可是亲缘关系很远的两个家族的成员哦!

　　古人所说的木瓜，是我国土生土长的本土植物，属于蔷薇科这个盛产水果的植物家族的一员，比如我们平时吃的桃、李、杏、苹果、梨都是属于蔷薇科植物的果实。然而，木瓜却不像它的兄弟姐妹那样甘甜可口，木瓜的果实虽然有果香，但它的果皮很坚硬，果肉味涩，咬上去就像咬在木头上一样，因此我国本土的木瓜果实并不能直接食用。实际上，本土木瓜的用途更多在于它的花和叶的观赏性，古人在诗里曾经这样赞美过："馆娃宫中春日暮，荔枝木瓜花满树。"意思是："春天的一个傍晚，在馆娃宫看到荔枝和木瓜树上开满了花，映衬着落日的余晖，景色异常美丽。"由此可见，木瓜的花和叶是十分适合观赏的，所以木瓜现在其实是城市中常见的绿化树种，我们常常能在街道和公园里看到它们的身影。比如我们常说的贴梗海棠，实际上应该叫作"皱皮木瓜"。每年初春的时候，树枝上就会绽放一朵朵红色的花朵，装点着城市的街道。但是科学队长在这里要提醒大家了，对于观赏植物，我们只可远观而

不可亵玩哦，爱护绿化是我们每个公民应该做到的事。

木瓜花

　　说完木瓜，再来说说我们经常拿来吃的番木瓜。番木瓜的"番"是国外的意思，这是因为番木瓜完全是个"洋水果"。番木瓜是番木瓜科这个植物家族的成员，这个家族可都是热带植物，我们吃的番木瓜的老家就在遥远的热带美洲，后来引种到中国，才在中国流行起来，现在已经能够在中国的南部地区广泛栽培了。

👆 番木瓜

树上结的瓜"。前面说的我国土生土长的木瓜，它的果实也是结在树枝上的，到了秋天，整棵树果实累累；而番木瓜的树由于很少分枝，果实全部结在树的主干上，而且都集中在树干的上端，远远看上去形似椰子、棕榈，非常奇特。番木瓜的果实相比于木瓜的果实要柔软多汁、甜美可口很多，很受人们喜爱，你们是不是也很喜欢呢？番木瓜还因为营养丰富，在中国有着"万寿果"的美称呢。

说完番木瓜中"番"字的来历，我们再说说番木瓜的"木瓜"。科学队长先考考大家：你们知不知道西瓜、南瓜、苦瓜这些瓜类的果实结在哪里呢？是的，它们都结在草质的藤蔓上，有的沿地面匍匐，有的则挂在空中。而咱们见到的番木瓜，看起来形状像是瓜，但却生长在树上，十分奇特，所以称它为"番木瓜"，意为"国外的

除了作为水果直接食用外，番木瓜还和工业生产息息相关，这是因为番木瓜中含有能够降解蛋白质的木瓜蛋白酶。木瓜蛋白酶的特异性低、活性高、稳定性好，因此适用范围很广，在食品工业生产过程中经常能够看到它的身影。例如，

在大家爱吃的饼干中加入木瓜蛋白酶，可以使饼干变得更柔软，更易于成型；在制作肉类食品的时候也可以加入一些木瓜蛋白酶，让肉质更加软嫩滑润，菜肴的口感也会变得更好。

到这里，这一期的节目就要结束了，你们还记得科学队长都说了些什么吗？首先，我们平时吃的木瓜其实是外国来的番木瓜而不是中国本土的木瓜；其次，中国本土的木瓜不适合直接吃，但作为观赏性植物还是很不错的；最后，番木瓜具有木瓜蛋白酶，是食品工业生产过程中重要的添加剂。你们记住了吗？

● 每 期 一 问 ●

城市绿化种植的木瓜树和我们水果店买的木瓜是同一种植物吗？

32

植物界的"辣妹子"：姜

扫一扫
听科学家讲科学

开门见山

姜，又香又辣，是植物界的"辣妹子"，也是厨房里的"小能手"。姜能去腥、能驱寒、能美容，还能治疗不少常见病。小小的"辣妹子"身上，蕴藏着巨大的能量，却也有许多不为人知的秘密。为什么都说"姜还是老的辣"？为什么人们这么喜爱姜？姜科家族都有哪些兄弟姐妹？身为植物，姜的繁殖方式究竟有多么奇妙？让我们一起来寻找答案吧。

队长开讲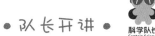

一说起姜，大家首先想到的就是生姜吧？一眼看上去，它们皱皱巴巴，外边还裹着泥土，黑乎乎、脏兮兮的。不过，等被洗干净，削掉外皮就能看见漂亮的金黄色姜肉了。生姜又香又辣，是厨房里的"小能手"。比如，大夏天热得不想吃饭的时候，在菜里放点姜末，能让人胃口大开；鱼和肉有难闻的腥味，拌上姜丝一起下锅，腥味就会消失得无影无踪；另外，受凉感冒了，喝点热辣辣的姜汤，能帮助发汗、缓解病情。都说"姜还是老的辣"，可是，你们知道为什么会这样吗？

原来，生姜的辣味，主要来自一种叫"姜辣素"的

生姜

物质。姜把姜辣素储藏在自己的根茎里，就像人类把零钱存进储钱罐一样。我们在菜市场买到的生姜块，其实就是姜的根茎。新鲜的嫩姜积攒的姜辣素还不多，所以并不是很辣。不过，随着姜一天天长大，姜辣素越存越多，味道当然也就越来越辣了。别小看姜的辣哦，它对人的身体可是好处多多呢。姜辣素能刺激肠胃运动，帮助消化，所以说姜能开胃。姜还能扩张血管，将热量送到身体表面，让人快速暖和起来，所以姜还能驱寒。

正是因为生姜有这么多好处，所以，我国从3 000多年前就开始种姜、吃姜了，还发明了糖姜、泡仔姜、姜撞奶等很多美味的小吃。别以为只有生姜这么受欢迎，其实，它的亲戚们也都和人类缘分不浅。生姜属于姜科家族，姜科的兄弟姐妹个个身怀绝技。例如，砂仁、草果、白豆蔻，个头小小，香味扑鼻，是做卤菜的好帮手；蘘荷，生长在山中，几乎没有污染。它的紫色花蕾可以做菜，在日本很受欢迎；姜黄，颜色金灿灿的，东南亚国家的人们特别喜欢拿它拌米饭。米饭被染得黄澄澄的，撒上几片翠绿的香菜，再挑嘴的

食客也忍不住将饭碗"打扫"得干干净净。不过，要说最爱姜的民族，那就非印度人莫属啦。他们用姜黄粉配上生姜、胡椒、辣椒、孜然等好几百种调料一起下锅，能做出上百种不同口味的咖喱，让热气腾腾的咖喱饭香遍了全世界。印度姑娘在结婚前还喜欢用姜黄和酸奶做面膜，敷完脸后，脸蛋会像玫瑰花一样，红扑扑的，美丽动人。

姜科家族不仅有内涵，颜值也很高。花叶艳山姜的花蕾是雪白的，顶端一抹粉红色，成串挤在一起，微风吹过，就像小风铃轻轻晃动，送出沁人的芳香。红球姜的苞片层层叠叠抱在一起，好像一颗颗鲜红的大松果。而秋天才开放的姜花，花瓣就像蝴蝶翩翩飞舞，所以在英语里，姜花又叫"蝴蝶姜"。古巴人喜欢姜花的纯朴，将它定为了国花。

姜科家族长得这么美，可不是为了当摆设的。它们喜欢温暖的地方，还特别喜欢喝水，所以常常把家安在东南亚的原始森林里。森林里各种动物、植物很多，竞争激烈。为了繁殖后代，兄弟姐妹们憋足了劲开出又美又香的花，其实是为了

🌿 花叶艳山姜　　　　红球姜 🌿

不够鲜艳，要是站在一大丛植物中间，不太能吸引到小动物。可是，它蝴蝶状的美丽花瓣能吸引人类。傣族姑娘摘下花朵戴在头上，人走到哪里，花香就飘到哪里。飞蛾闻到姑娘头发上的花香，就赶快飞来为姜花传粉了。

吸引小动物们前来当“媒婆”。姜科家族的“媒婆”很多，有蜜蜂、蛾，也有小鸟。它们闻到甜甜的花香、看见美丽的花朵，赶忙招呼朋友们一起来享用花蜜大餐，顺便呢也就带走了花蕊头上的花粉。“媒婆”们从这朵花飞到那朵花，将花粉从雄蕊带到雌蕊，姜科的“婚礼”就这样静悄悄地完成了。有些姜科小伙伴住在密林深处，终年不见阳光，蜜蜂、蝴蝶都不肯来，怎么办呢？它们只能靠蝙蝠传粉。云南有一种白色的姜花尤其聪明。白色

到目前为止，整个姜科家族共有 1 500 多位成员，算得上“人丁兴旺”啦。看来，姜家的繁殖策略还是很成功的。不过，光是后代多也不行，还得讲质量。大家都知道，人类不能近亲结婚，否则就有可能害得自己的宝宝得上遗传疾病。殊不知，有的姜科小伙伴早就找到了避免“近亲结婚”的办法。在海拔近 1 000 米的亚热带高山上，生活着一种心叶凹唇姜。它们的花朵既有雄蕊也有雌蕊，也就是说同时具有两种性别。如果同一朵花的雄蕊给雌蕊授粉，后代的生存能力会受到影响。为了预防这种

情况，心叶凹唇姜进化出了一种奇妙的繁殖方式：在开花的第一天，雄蕊先成熟，引来蜜蜂、蝴蝶将花粉传出去；第二天，雌蕊才成熟，这时雄蕊已经没有花粉了，只能接受其他花儿的花粉，这样就彻底避免了"近亲结婚"的危害。这个长期困扰人类的问题，姜科家族早在千万年前就巧妙地解决了。姜科的小伙伴们是不是很厉害呢？其实，繁殖方式跟姜科类似的植物也有很多，这些植物会具有这样的能力，并不是因为它们聪明，而是它们在漫长的演化过程中，受到自然环境的选择作用，而慢慢保留下来的能力。

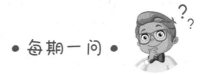

● 每期一问 ●

姜科家族喜欢生活在温暖的地方还是寒冷的地方？

参考答案：温暖的地方。

33

桃金娘真的是忧伤少女吗?

扫一扫
听科学家讲科学

● 开门见山 ●

在电影《哈利·波特》里,有一个名叫桃金娘的幽灵经常出现在霍格沃茨学院二楼的盥洗室里。她心眼儿太小,老在盥洗室里哭哭啼啼,并且把水弄得到处都是,所以大家都管她叫"哭泣的桃金娘"。走出哈利·波特的魔法世界,桃金娘在我们的现实生活中其实是一种灌木,跟电影中"哭泣的桃金娘"小气脆弱的形象相反,它不仅生命力旺盛,而且用途广泛、家族庞大,在植物界可是响当当的角色。那么,桃金娘究竟是一种怎样的植物呢?

● 队长开讲 ●

"桃金娘"这个名字,确实会让人第一时间想到忧伤的少女。不过,别误会,走出哈利·波特的魔法世界,桃金娘在我们的现实生活中其实是一种植物,准确地说,是一种热带、亚热带地区常见的灌木。

桃金娘每年春天开花,可以一直开到夏天。花朵有五个花瓣,跟桃花很像,而花粉则是金色的,因此大家就把"桃金娘"这个名字送给了她。刚开放的桃金娘花雪白雪白的,随着时间的推移,花瓣慢慢变成粉红色,再配上星星点点的金色花粉,就和过新年穿新衣的小姑娘一样,漂亮极了。

🌸 桃金娘

🌸 桃金娘果实

等花儿谢了，果子就像变魔术一样出现在枝丫上。桃金娘的果实很小，直径大概 1 厘米，和我们的手指尖差不多。熟透的桃金娘果实是紫色的，有点像葡萄，果皮上有一层细细的绒毛，轻轻一碰就能摘到手。这些果实又香又甜，吸引着鸟儿们前来享用。鸟儿虽然品尝到了果子们的美味，但是却没法消化藏在果实里面的种子，所以只能将种子随着排泄物排出体外。就这样，吃过桃金娘果实的鸟儿们飞过千山万水，将桃金娘的后代送到了四面八方。除了小鸟，蚂蚁也是桃

金娘传宗接代的好帮手。工蚁发现掉在地上的果实，马上回家召唤同伴来一起聚餐，它们大快朵颐之后，会把吃剩下的种子运回蚁巢门口，用泥土盖住保存。蚁巢附近的泥土营养丰富，又被蚂蚁挖得又松又软，成了小树苗最合适的窝，只要有足够的阳光，新一代桃金娘就会在蚁巢边静悄悄发芽。要知道，树是不会走路的，假如没有其他人帮忙，桃金娘的种子只能掉落在自己脚边。这样，小树苗就只能和妈妈争夺营养，最后谁都长不好。用甜美的果实吸引小鸟和蚂蚁，从而将种子远远传播开去，这是桃金娘在千万年中演化出的奇妙办法。

人类同样喜爱美味的桃金娘。早在 1 000 多年前，大诗人苏轼就在海南儋州品尝过这种惹人喜爱的浆果；广东的孩子们将桃金娘编进了儿歌；而浪漫的欧洲人则说，桃金娘象征着爱和美的女神——阿弗洛狄忒；在古罗马，战斗英雄头戴桃金娘花环，表示对和平的向往；对美国南方人家来说，桃金娘是装点庭园的常客；而在英国威廉王子的婚礼上，盛装的王妃也是捧着桃金娘

花束出现在大家眼前的。

不过,虽然名字和长相都很美,桃金娘可一点也不娇气。它耐旱,树根扎得特别深,哪怕在贫瘠的荒地也能活得很好。美国的夏威夷群岛有许多活火山,沸腾的岩浆在地下奔流,岩石缝间喷出滚烫的蒸汽,人站在那儿,都会觉得呼吸困难。可是,桃金娘却能够骄傲地在那里绽放出美丽的花朵。为了汲取养分,它的根系深深地探入地下,甚至穿透了坚硬的熔岩层,进入火山溶洞内部。

因为桃金娘生存能力强,而且长得快,三五年就能长成一片小树林,所以在其他植物难以生存的地方,人类借助它的力量,让光秃秃的荒山很快就变得生机盎然。不过,生存能力太强悍,有时也会惹麻烦。不少植物竞争不过它,就慢慢消失了。为了保护生态环境,美国、法国的一些地方,还将桃金娘列为入侵物种,限制种植呢。

桃金娘科的亲戚们也个个身强力壮。比如

来自亚洲的菱角,如今却遍布美国东北部的湖泊池塘。茂密的菱角叶挡住了光线,别的植物没法生长。人们想游泳、想划船,也都被它挡住了去路。美国人每年花几十万美元,可还是拿顽强的菱角毫无办法。还有桉树,60多年前被我国引进,现在已经遍布华南山区。种桉树的人,靠卖木材挣了不少钱。可是,人工培养的桉树林生长飞快,耗光了土地的营养,别的物种很难生存。本来鸟语花香的森林变得静悄悄、死气沉沉,连带着桉树也被大家讨厌,落下了"霸王树""缺德树"的难听外号。

不过,发生这种事,真是桃金娘家族的过错吗?其实并不是这样的。人工造林,首先要把原有的树木全砍光。树没有了,动物们当然也只好搬走。就算种上了桉树,本地的动物吃不惯桉树叶子,也不会再回来。没有动物帮忙搬运种子,森林的生态循环就没办法完成。而且,人们为了生产更多木材,挣更多钱,会把桉树一棵挨一棵种得很密。林子里黑乎乎的,别的植物晒不到太阳,没法进行光合作用,蜜蜂、蝴蝶也不高兴来传粉，当然就慢慢死光了。

　　看来，害得桃金娘家族变成植物杀手的，还是人类自己。身为地球的小主人，我们要好好爱护身边的环境，尊重自然的法则，可别让无辜的桃金娘遭受不白之冤，蒙上忧伤的阴影啊！

● 每期一问 ●

熟透了的桃金娘的果实是什么颜色的？

°色紫 ：案答考参

34

木兰科植物真的是"老人家"吗?

扫一扫
听科学家讲科学

● 开门见山 ●

你们知道吗? 世界上所有的生物都是由原始的种类, 在漫长的时间里一点一点演化成现在的样子的。植物当然也不例外, 藻类植物演化成苔藓, 再演化成蕨类植物、裸子植物, 最后终于变成了被子植物。被子植物是指种子外面有果实的植物, 我们吃的苹果、橘子都是被子植物。在被子植物的大家庭里, 各种植物也可以按照物种的历史进行划分。那么, 谁是最原始的被子植物? 它们有什么特点呢?

● 队长开讲 ●

如果你们在3月份去长江流域的城市游玩, 很可能会被这样一类树吸引: 树上开满了白花, 没有一片绿叶, 朵朵白花在风中摇曳, 十分优雅。它, 就是被子植物里比较原始的一种植物, 是木兰科的一个成员。今天, 科学队长就带大家去认识一下被子植物里的"元老"——木兰科植物。

为什么说木兰科的植物是被子植物里的"元老"呢? 我们先来了解一下这个家族中的两个成员, 之后再一起总结原因。

科学队长刚刚提到的开满白花的植物是白玉兰, 又叫玉兰、木兰, 它是木兰科木兰属里面的一种代表性植物。它是一种高个子的落叶乔木，"身高"能达到 25 米左右，大约有 8 层楼那么高；它还有宽阔饱满的树冠，像美丽的短发。白玉兰的树干一般是深灰色的，年纪小的时候非常光滑，但随着年龄的增长，它的树皮会逐渐开裂。如果你仔细观察，会发现白玉兰的树干上一般都有裂开的纹路，特别粗糙，就像老爷爷的皱纹。白玉兰叶片比较薄，形状看起来像椭圆形。

每年冬天，当白玉兰要长出新的叶子的时候，它的树干上会首先冒出许多"角"，你要是凑近些看，会发现这些"角"其实是卷得紧紧的新芽。这些"角"浑身上下都长满了浅灰黄色的毛，特别光亮，就像昂贵的丝绸一样。白玉兰的树叶上其实都有毛，只是在树叶比较嫩的时候，毛长而柔软，到树叶长大以后，毛就变得短短的，摸上去有点粗糙。

白玉兰

白玉兰总是先开花后长叶，因此，到了每年的2、3月份，我们会发现白玉兰掉光了叶子的树枝上，冒出了许多朵站得直直的花，这就是白玉兰的花苞啦。白玉兰的花苞是卵圆形的，长得像一个个立起来的小鸡蛋，开花的时候非常香，远远就能闻到。我们都知道，许多花都有花瓣，花瓣下面还有像小裙子一样的花萼。但白玉兰可跟普通的花不一样。作为被子植物中的老人家，它的花还没有分出真正的花瓣和花萼，我们看到的"花瓣"其实是花瓣和花萼的结合体，叫作"花被片"，就像被子一样包裹着花蕊。白玉兰的花分为两种性别，花朵里要么只有雄蕊，要么只有雌蕊，也就是说，它们的花也分"男孩"和"女孩"哦。假如得不到别人的帮助，或者周围没有不同性别的小伙伴，它就不太容易成功授粉，也就不能长出小果子、结出种子了。你们要是认真观察白玉兰的花，就会发现：不管是花男孩还是花女孩，它们的花蕊都会密密地聚在一起。

白玉兰花色洁白，香气沁人心脾，又喜欢先开花后长叶子，假如一棵上了年纪的白玉兰开

了花了，那景象真的令人震撼呢。所以，家里有小院子的人都喜欢种白玉兰。你们知道吗？白玉兰还是上海市的市花哦。

木兰科中另一位常见的成员叫广玉兰，又叫"荷花玉兰"，是木兰科家族里少见的一种常绿乔木。你们知道为什么它被叫作"常绿乔木"吗？就是说它的叶子一年四季都是保持绿色的。荷花玉兰喜欢生活在温暖而湿润的环境里，如果你们去了长江以南的城市，很有可能会看到荷花玉兰的身影。

荷花玉兰在合适的环境下能长成30米的"大高个"，大约有10层楼那么高。荷花玉兰的树皮是灰褐色的，也会像白玉兰一样，在慢慢长大变老的过程中逐渐开裂。与白玉兰不同的是，小时候的荷花玉兰叶子下面是没有毛的。它的叶子很厚，是胖乎乎的椭圆形，跟爸爸的手掌差不多大。

荷花玉兰每年5、6月份开花，花整体是白

色的，有一股清新的香气。荷花玉兰的花非常大，直径大约 20 厘米，差不多有一个装菜的大盘子那么大，看起来有点像长在水里的荷花，所以才叫荷花玉兰。跟白玉兰一样，荷花玉兰也分雌花和雄花。

🖐 荷花玉兰

因为荷花玉兰的花很大，长得跟荷花又有些相像，还有好闻的香气，因此，很多人都喜欢把它当作美化环境的树种。如果大街上有一排排绿油油的、开着白色大花朵的荷花玉兰，那景象真是令人赏心悦目呢。另外，它还是特别"厉害"的一种植物哦！很多污染气体都伤害不了它，而且，它不怕烟尘，因此可以种在马路边装饰道路。

之所以说木兰科的植物非常原始，是因为它们有很多特点跟很多现代植物的祖先差不多。比如，它们的花瓣和花萼没有很大的区别，只有原始的"花被片"；它们的花都被分成雄花和雌花，而不像其他一些植物的花，没有性别差异。

• 每期一问 •

白玉兰是先开花后长叶，还是先长叶后开花？

每期答案：先开花后长叶。

35

一起来找幸运草

扫一扫
听科学家讲科学

● 开门见山 ●

作为植物界的明星、文艺界的红人，幸运草的形象经常出现在人们的生活中，世界各地都有它的粉丝。人们经常会把幸运草的照片贴在床头，或者把制成幸运草形象的工艺品摆在身边，期盼着幸运草能够给他们带来好运。那么，幸运草究竟是什么植物呢？其实，它是来自热带美洲、非洲的一个高颜值大家族，让我们一起来认识认识它吧！

● 队长开讲 ●

在植物界有一位很红很红的大明星，它经常会出现在我们的电影、电视、书报和漫画中，还是很多工艺品的代言人呢，人们会仿照它的形象去做一些精美的装饰品。它为什么会这么红呢？原来它的颜值很高，模样非常特别，就像四个爱心环绕在一起，优雅而且充满着美好的寓意，总是会让人们联想到感情、财富，或者其他美好的事物。你们猜到这个大明星是谁了吗？它就是幸运草！不过，幸运草其实只是它的艺名，它的本名叫酢浆草。科学队长这一期就来聊一聊这个被称为幸运草的酢浆草。

酢浆草出生在一个大家族之中，那就是酢浆草科大家族。这个家族主要起源于热带美洲、非洲，所以酢浆草大部分的亲戚都生活在它们的老家：中美洲、南美洲和南非地区。当然，这个大家族里也有很多爱好远途旅行的成员，它们周游

🍀幸运草

世界各地，有些玩着玩着就不想回去了，长期定居海外。

它们入乡随俗，可以和异国邻居们和谐相处。我国境内已经进行官方登记的酢浆草就有五种，分别是大花酢浆草、白花酢浆草、红花酢浆草、酢浆草和黄花酢浆草。它们中有的早已习惯中国的环境，成为中国植物社区中普普通通的一员，过着"安居乐业"的生活。你们看，白花酢浆草喜欢醉情于山水间，所以它现在主要生活在山涧溪流边；而酢浆草就没有那么多诗情画意了，它比较平易近人，无论是高山流水处，还是田间小路旁，或是嘈杂的城市里，它都能安排好自己的生活，是个随遇而安、不太挑剔的成员。

说到这里，科学队长不得不提一下红花酢浆草。本来它是作为"模特"应邀到中国来出席各种植物展览的，然而来到中国之后，它却喜欢上了这片土地，偷偷溜出来赖着不走了。不仅如此，它还到处抢占地盘，侵占其他植物的空间。这是怎么一回事儿呢？原来这叫"生物入侵"。因为在中国的土地上，以前是没有酢浆草的，也没有它们的天敌。

当酢浆草来到这片土地后，发现环境非常适宜，而且没有天敌，于是迅速繁衍，这就抢占了其他植物的资源。

实际上，除了这五种在我国官方登记了的酢浆草，我国还存在很多没有正式"户口"的酢浆草。它们中的大多数是在一些中国的酢浆草粉丝的帮助下，偷渡进我国的，并悄悄地躲在这些粉丝的家中。对我国的生态环境而言，它们可不是好惹的哦，因为它们一旦来到自然环境中，可能会给植物社区的稳定性带来不少的麻烦。

酢浆草家族成员的叶子，通常是由三枚以上的小叶片组成，科学队长前面提到的，像四个爱心环绕在一起的酢浆草，只是这个家族中的一员哦。除此之外，还有很多形态各异的酢浆草。虽然它们都长得好看，但是各有各的风姿。比如，有的酢浆草的叶片是紫色的，充满异国风情；有的叶片穿着带条纹的衣服，显得成熟妖媚；还有些叶片从圆形变成又细又尖的形状，凸显出骨感美。

除了叶片外，它们的花朵也是形态各异，颜色有黄色的、红色的、淡紫色的，或是白色的，尺寸也是有大有小。尽管酢浆草

红花酢浆草

家族的成员们有不同风格的美，但它们始终遵守家规——按时睡觉。每当夜幕降临，酢浆草们都会向下收起它们的叶片，闭合上它们的花朵，即使是在休息时，它们也会保持亭亭玉立的姿态，非常优美。

酢浆草们由于主要来自热带地区，所以它们特别怕冷，如果把它们种在咱们中国北边一些的地方，它们会生活得非常不愉快，甚至会被冻死。你们是不是在想：它们这么怕冷，要怎么过冬呢？动物们到了寒冷的季节，通常会钻到一个地方冬眠，而酢浆草不会走路，显然不可能自己躲到暖和的地方去。不必担心，因为它们有着特殊的结构——球茎，可以躲过寒冷的冬季。

球茎是什么小玩意儿呢？原来，它是长在地底下的肉乎乎的茎，是有些植物的一种器官。酢浆草可以把大量的营养物质都转移到地下的球茎中，而土壤就像湖一样，即使再冷还是能保持一定的温度的，所以地下的球茎可以熬过寒冷的冬季。等到春天来了，气温回暖，它们又会从球茎中长出来，钻出地面，重新回到外面的世界。有了球茎，它们就可以在暂时严酷的环境中生存下去，并繁衍后代，建立起一个繁荣的酢浆草王国。

酢浆草家族其实除了酢浆草们外，还有一个旁支，它是一种热带水果，外形和酢浆草很不一样，你们甚至很难把它们联想到一起。猜猜这是什么水果？科学队长给大家一点点提示：它有五条棱，从侧面看上去像五角星一样。你们猜到是什么了吗？对，它就是我们经常在超市中见到的造型奇特的阳桃。其实阳桃树是一种身材高大的树木，而酢浆草却是一株株身材娇小的小草，它们俩的个头简直是天差地别，但它们可是血缘关系很近的亲戚哦！怎么样？大自然是不是很神奇，如果你们下次看到酢浆草，或者阳桃，可以仔细观察一下它们有什么相似的地方哦！

• 每期一问 •

白花酢浆草喜欢生活在什么地方？

参考答案：山坡潮湿处。

36

爬山虎是怎么爬墙的?

扫一扫
听科学家讲科学

● 开门见山 ●

大家有没有见过碧绿色的墙壁呢? 这不是水泥油漆做成的, 也不是瓷砖铺成的, 而是用植物建造出来的绿色墙壁哦。科学队长以前住的房子就有这种植物墙。这是怎么回事呢? 原来, 这是爬山虎的功劳。那么, 爬山虎是怎么建造绿色墙壁的呢? 跟着科学队长一起去看看吧!

● 队长开讲 ●

科学队长
Captain Science

你们知道吗? 爬山虎可不是动物哟, 它是一种植物, 分为好几类。爬山虎和我们常吃的

葡萄来自同一个大家族, 都是葡萄科家族, 所以在外表上爬山虎和葡萄藤蔓长得有些相似, 但是果实是不一样的。就跟有些人有小名一样, 爬山虎也有几个别名, 而且听起来很厉害哦, 比如, "爬墙虎""捆石龙""飞天蜈蚣", 等等。是不是很酷的样子? 这几个名字可是很好地说明了爬山虎的本领呢。因为爬山虎能像壁虎或者我们熟悉的蜘蛛侠一样, 在垂直的墙壁上爬行, 它能牢牢地贴在光滑的墙壁上或者岩石上不掉下来, 所以爬得特别高。可是, 爬山虎究竟是怎么爬墙的呢? 科学队长这就来告诉你们答案。

植物为了获得更大的生存空间, 以便能得到更多的阳光及其他资源, 都会进化出一套本领。

 爬山虎

对于爬山虎来说呢，它的本领就是贴着墙、由而上地生长，一步一步往上爬，到最后整个墙壁都成了它的地盘。爬山虎之所以能够在墙壁上生长，可是多亏了它那像脚一样的构造。它的"脚"很特别，是长在茎上的。在茎上长叶子的地方，反面会伸出6、7根细丝，这些细丝也叫作"卷须"，卷须的顶端有圆而凹的吸盘，这就是爬山虎的"脚"了。

吸盘的边缘可分泌黏液，当吸盘接触到墙壁时，黏液就会将吸盘密封起来，这时吸盘外面的气压比内部的气压更大，所以吸盘就像有吸力

一样，可以牢牢地固定在墙上，这样爬山虎就能紧紧地贴在墙壁上了。如果你们仔细观察，家里或者超市也有类似的吸盘哦，比如我们的塑料吸盘挂钩，通过和光滑的墙壁贴合，排空里面的空气，从而产生压力差，这样挂适宜重量的东西时，吸盘是不会掉下来的。

 爬山虎的脚

随着爬山虎的生长，它的身体上会长出很多吸盘，它们能紧紧地吸住墙壁，使整个植物体"飞墙走壁"。爬山虎也能像我们的树干一样，长出很多的分枝，当先长出来的老枝的吸盘固定后，后长出来的幼枝继续往前生长，又会长出新

的卷须和吸盘。这样不停地固定和不停地生长，一两年的时间爬山虎便可以爬满整个墙壁，甚至还会延伸到屋顶。不过，你们要注意哦，如果墙壁有裂缝，爬山虎的根可是会长到墙壁里面去的。它的根能长到 2 米长呢，那差不多是一扇门的长度啊！这可能会对墙体造成伤害，因为长到墙缝里的根会扩大缝隙，从而引起墙体倒塌。你们是不是很惊讶，小小的植物居然有如此大的力量呢？说到这里，你们明白爬山虎是怎么爬墙的了吧？

有些人可能会想：爬山虎的本领这么好，那我们得让它施展才华，为我们的生活做贡献呀。那爬山虎都有哪些作用呢？对，它可以爬满墙壁，为屋子降温。一大片密密的爬山虎，遮挡了太阳光对墙壁的直接照射，吸收了太阳的一大部分热量，从而降低了墙壁温度，使得屋内不会太热，就跟夏天我们喜欢待在枝繁叶茂的大树底下乘凉是一样的道理。还有一些人，在房子的每一面外墙边都种上爬山虎，这样等爬山虎长大了，爬满墙壁后，你会发现除了房子的门和窗户，整座房子都被爬山虎包围了，远远地望去，就像童话故事中森林里的小树屋一样，特别美丽，惹人喜爱。很多旅游景区看到爬山虎能装扮墙壁，就利用爬山虎这个优点，打造树屋景点，吸引顾客前去参观。

爬山虎除了能降温，还能降低周围的噪音，吸收粉尘，美化我们的环境呢。它的作用有点像家里的空气净化器，能替我们过滤掉一些对人体有害的气体，净化空气，保护我们的身体。在一些靠着山壁的马路两旁，如果你们仔细观察，不仅能看到人行道上一棵棵大树整齐排列着，还能发现山壁上一片片绿色的爬山虎随风摆动。翠绿的爬山虎能给人带来美感，缓解眼睛的疲劳，让我们感受到生命的力量。

科学队长要提醒一下大家哦！爬山虎的叶片可不是一直绿油油的，而是会随着季节的变化而变化的。新长出来的爬山虎叶片是嫩绿色的，夏天你们可以看到一片生机勃勃的绿色，到了秋天这绿叶会变成橙黄色或者砖红色，这又是另一番美景了。所以，一些城市常常用它来装扮高架桥、高楼的墙壁或者空中花园，既可以美化环境，又可以调节空气，真是一举两得呀。

👆秋天的爬山虎

说到这里，你们是不是想问问科学队长：爬山虎有这么多优点，那容不容易种植呢？其实，爬山虎的适应能力与繁殖能力都很强，就算在贫瘠的土壤、恶劣的环境中，它也能顽强地生长，不需要花费太多的精力去管理，所以爬山虎是很容易种植的。

说到这里，大家有没有想过去找一个地方种一片属于自己的爬山虎呀？如果有条件，可以去尝试一下哦！或者，下次在外面游玩时，看到爬山虎，可以好好瞧瞧它，仔细地观察一下它是如何攀爬墙壁的。

● 每 期 一 问 ●

爬山虎的叶片会随着季节变色吗？

每期答案：会。

37

百合能看，
也能吃？

扫一扫
听科学家讲科学

●开门见山●

　　百合花是一类纯洁美好、香气扑鼻的观赏花。还有一类东西也叫"百合"，我们经常拿它来炖汤、做甜品，吃起来嫩嫩的、滑滑的、香香的，很多人都很喜欢。那么，这里说的"百合"跟观赏花"百合"是同一种东西吗？

●队长开讲●　科学队长

　　一说到"百合花"，我们心目中的形象一般是这样的：纯白色，有好闻的香气，经常被放在一些神圣的场所作为装饰；而吃的百合，则微微发黄，一小瓣一小瓣挤成一堆，灰头土

脸的，根本连好看都谈不上。有的人觉得，它跟百合花的"重名"应该是巧合罢了。但也会有人认为：说不定它们是同一种植物的两个部位呢？百合花长在地上，又干净又漂亮；吃的百合是"根"，埋在地下，所以才灰头土脸的。这两种说法究竟哪个比较准确呢？我们先来简单了解一下百合这类植物，再揭晓答案。

　　最经典的百合花，指的是百合科百合属里的野百合和它的变种，是草本植物，这类百合一般能长 0.7 ～ 2 米，也就是说，它有可能跟篮球运动员一样高呢。百合的叶子很光滑，两面都没有绒毛，叶子的"头"上半部分比较圆润，"头顶"有一个规整的小尖尖，而叶子的下半部分则直直地变窄了，最后在叶柄的地方收在一起，这种形状一般被称为"倒卵形"或者"倒披针形"。另外，百合靠近"脚"方向的叶子比较大，能长到7～15厘米长，跟人的手掌差不多，越往上叶子就越小。

✍百合花

百合花像一个乳白色的小喇叭，散发着好闻的香气，有时"喇叭"外面靠近根部的地方稍稍偏紫色，外面一般没有斑点。百合的花瓣们一端连在一起，形成一个像"喇叭"形状一样的筒；另一端向外张开，甚至干脆向外弯成漂亮的弧形，好像在娇羞地笑。这个"喇叭"筒里可藏着大秘密呢，它里面有几个小小的蜜腺，吸引着昆虫来玩。百合花的雄蕊很长，有10～13厘米，跟铅笔差不多，并且微微向上弯。雄蕊的顶部连着花，一阵风吹来，雄蕊就像天平一样晃啊晃，花粉会扑簌扑簌掉下来，有时候甚至会把花瓣弄脏，所以花店里的姐姐们喜欢把雄蕊上的花药剪掉。一根百合花梗上有时只开出一朵花，有时好几朵花热热闹闹地待在一起，排成一把小伞的样子。百合的花梗一般比较长，最长的有10厘米左右，要比你们手指张开还要长。这么香的百合花，它的花里也能提取出芳香油，还可以做成香料。

百合花有鳞茎，形状像一个球，虽然长在地下，但可不是"根"呀！鳞茎球的直径有2～4.5厘米，就跟大拇指差不多长。之所以叫"鳞茎"，是因为它球形的身体由一片片的鳞片组成。仔细看这些鳞片，它们的形状像压得扁扁的针尖，科学家们管这种形状叫"披针形"。假如把这些鳞片洗干净，我们会发现它们是白色的，只有沾上土的时候才显得灰头土脸。百合长在地下的鳞茎含有很多淀粉，在某些地方被当作名贵的食品。

咦？百合的鳞茎可以吃！那是不是说我们吃的"百合"与这里介绍的可能是同一类？不对不对，它们并不是同一类植物。虽然不是同一类植物，但它们是亲戚，关系非常近。

食用百合的正式名称叫作"川百合"，它也属于百合科百合属，跟我们刚才提到的百合有很近的亲缘关系。它们的长相也有些相似，川百合比百合矮，"身高"0.5～1米。川百合的叶子很多，并且一般是长条形，叶子的"头部"非常尖，细细长长的，叶边缘经常反卷起来，仔细看还能在上面看到小小的突起。川百合的花是橘红色的，有的单独生长，有的好几朵挤在一起。但是，跟百合不同的是，很多朵川百合花聚在一起的时候，它们的花梗会被一根小"茎"连成一串，而不是一把"小伞"的样子。川百合的花瓣底部也会合生在一起，但它们的另一头会明显地往外翻卷，有时几乎卷成一个圆圈。川百合的鳞茎，也就是我们吃的部分，里面含有丰富的淀粉，形状饱满，长得跟水滴很像，不管是煮还是炒，吃起来的口感都非常好。另外，川百合鳞茎的产

量很高，种起来非常容易，所以也卖得不是很贵。

川百合

川百合的鳞茎

说到这里，我们就知道了：那种可以拿来跟银耳、红枣一起炖的"百合"，真名叫作"川百合"；而那些花市上能见到的各种各样、颜色各异的观赏百合，其实都是野百合这种植物的变种或亲戚。科学家们觉得它很漂亮，于是就用多种不同的手段，杂交、培育出来了许多各有特点的品种，被大家统一叫作"百合花"。

　　总之，不管是香气扑鼻、美丽纯洁的百合花，还是能炖汤、能美容的川百合，它们都是百合科百合属这个家族中的一员。下次我们炖甜品或是熬百合排骨汤时，可别忘记那些其貌不扬的"百合"，其实是漂亮的"百合花"的亲戚哦！

● 每期一问 ●

食用百合的正式名称叫什么？

每期答案：川百合。

38 杨树和柳树上为什么会飘出白毛?

扫一扫
听科学家讲科学

●开门见山●

冰雪消融,枯草返青,迎春、连翘黄了一片,又到了万物复苏、生机勃勃的春季了。池塘边柔软的柳条抽出了鹅黄的嫩芽,慢慢变成嫩绿的叶片;山桃花虽没有叶片,枝条上却堆满了娇嫩的花朵,真是"桃红柳绿",一片春意融融。不过,等不了多久,天上就会飞出片片白毛,就像下雪了一样,这就是杨树、柳树的飞絮。你们知道这是为什么吗?

●队长开讲●

每到万物复苏、生机勃勃的春季,天上就会飞出片片白毛,就像下雪了一样,这就是杨树、柳树的飞絮。诗文里讲:"夕阳返照桃花渡,柳絮飞来片片红。"意思是:"夕阳西下,将蓝天碧水都映得金灿灿的,随风飞在天上的飞絮,也被斜阳照成了绯红片片,如桃花瓣一般。"这一期,科学队长就带你们去了解,这和白雪一样漫天飞舞的杨絮和柳絮。

图 柳树

如果你们生活在我国的北方，每到3、4月份，就可以在杨树下捡到长长的像毛毛虫一样的东西，这些其实就是杨树的花。那么，柳树的花长什么样呢？在柳枝条上刚冒出鹅黄色的嫩芽、新叶还没伸展开来的时候，如果你们仔细寻找柳树的枝条，也可以看到一个个稍稍向下垂，像缩小的杨树花一样的"小笔头"，而这，就是柳树的花了。其实，杨树花和柳树花还是很相似的。

杨树林

杨树花

你们是不是感到奇怪呢？杨树和柳树长得那么不一样，为什么会被扯到一起？提到杨树，你们脑海里浮现出来的一定是钻天的小白杨：枝干笔直向上，高高地伸向天空，叶片背面还有柔柔的白毛，风一吹过，树叶哗啦啦地响。而提起柳树，大概便会想起一行袅娜的枝干，柔软的枝条沿着湖岸垂下，微风吹来，翩翩起舞，像是河水里随着水波流动的柔软水草。这样看来，杨树和柳树确实有着很大的差别。可是，虽然它们长得不太一样，却是关系非常近的亲戚呢！杨树和柳树来自同一个大家族，都是杨柳科的成员。那杨絮和柳絮到底是什么东西呢？

植物们总是开出各色各样鲜艳漂亮的花朵，吸引蜜蜂、蝴蝶在花丛中来来往往，采蜜的同时也为花儿们授粉。为什么杨树和柳树的花这么平凡朴素呢？这哪能吸引到小虫子啊！哈哈！不用担心，杨树和柳树与山桃、玉兰不同，它们不需要昆虫来为它们传粉。猜一猜，它们到底是怎样传粉的呢？为杨树、柳树传粉的，其实就是围绕在我们周围、无处不在的风。为了能得到风儿的帮助，杨树和柳树可费了一番心思，它们的花几乎没有花瓣，雄蕊上产生的大量花粉很容易随风

✍ 柳树花

飘散，直到飘落到雌蕊的柱头上，也就可以不借助蜜蜂和蝴蝶的帮助来完成传粉了。

现在你们知道杨柳飞絮到底是什么了吗？那其实是杨树和柳树在传粉成功之后结出来的种子，它们的种子，也是借助风来传播的。杨树、柳树的种子非常轻，而且很细小，上面还生长着长长的柔毛，风一吹，便可以借助风的力量纷纷起舞，飞到更远的地方。若落到了适宜生长的地方，便可以生根发芽，慢慢长大，直到长成新的杨树和柳树。如果你们看到飞絮的时候轻轻抓一把来观察，有时就会发现，在那些白绒毛里结着一点细小的颗粒，那就是杨树、柳树的种子。如果仔细观察，还可以注意到，有些地方每年都会经历两次飞絮：在 3 月末的杨树飞絮开始之后，再过两三周，柳树飞絮也会加入翩翩起舞的行列。

虽然这是杨树、柳树自然生长的过程，它们为了繁殖后代，借助风的力量传播种子，并没有什么不对，但每年到春天的时候，这到处飞舞的白毛可能会让我们觉得不太舒服：细碎的柔毛飘荡在空气里，经常缠在我们的鼻子上，痒痒的，让人忍不住想打喷嚏。我们应该怎么做，来避免杨柳飞絮给我们带来的小麻烦呢？科学队长告诉

你们一个非常简单的方法，这也涉及杨树和柳树的另外一个小秘密。3、4月份盛开的山桃花，一朵花里既有雄蕊又有雌蕊。不过同时期开放的杨树花和柳树花就不一样了，它们都有两种不同的花：其中一种只有雄蕊，可以播撒花粉，是雄花；另一种只有雌蕊，等待接收花粉，结出果实，为雌花。就像我们常见的水里一对一对的鸳鸯和绿头鸭，杨树、柳树也分为雌树和雄树，而其中会结出飞絮的，当然只有雌树了。所以，我们在栽种的时候只选择雄树，便可以有效地解决掉杨柳飞絮这个麻烦了。而对于杨树，其实还有另一个解决方法。我们常见的有飞絮的是毛白杨，而另一种常见的杨树——加拿大杨，则不会有飞絮的麻烦。所以，用加拿大杨取代毛白杨作为行道树，也是另一个解决杨絮的方法。不过，假如你们住的地方，附近有雌性的杨柳，还是乖乖戴上口罩吧，这样才不容易过敏哦。

这一期，科学队长首先给大家介绍了两种树——杨树和柳树。它们看起来差异很大，但却是近亲；它们的花都不太起眼，靠风传粉；杨絮、柳絮就是它们的种子，也是靠风传播。杨树和柳树又都可以分成雌性和雄性，如果不想忍受杨柳飞絮的苦恼，在路边或者院子里，最好不要种雌性的柳树和毛白杨哦！

● 每 期 一 问 ●

杨树和柳树为什么会产生漫天飘散的飞絮？

参考答案：它们靠飘散的风来传播种子。

39

会"流泪"的树

扫一扫
听科学家讲科学

● 开门见山 ●

在我们小时候，流眼泪那是常有的事啦。不过，流眼泪可不是我们人类的专属权利哦，动物、植物也会流眼泪。咦？植物也有眼泪？没错，有一种树就会常常"流泪"，而且它的"泪水"还有很大的用途呢！

● 队长开讲 ●

在我们小时候，遇到不高兴的或者难过的事情，可能会大哭起来，流眼泪那是常有的事啦。其实，动物、植物也会流眼泪呢。有一种树就会常常"流泪"，而且它的"泪水"还有很大

的用途，医生用的手套、车子上的轮胎，都离不开它。哇！是什么植物这么神奇呀？它又为什么要"流泪"呢？

原来，科学队长刚刚说的会"流泪"的树，中文名叫"橡胶树"。在很久以前，橡胶树只生长在南美洲的亚马孙森林里。南美洲的土著居民印第安人发现：如果在这种树的树干上割一道小口子，会有白色的乳汁流出来，所以就把这种树叫作"会流泪的树"。根据读音，把印第安语中的这个词翻译过来后就是橡胶树了。

橡胶树是树木中的大个子，能长到30多米高，也就是有10多层楼那么高啊！它喜欢生活

在温度高、水分足、土壤肥沃的地方。所以最开始的时候，橡胶树只是生活在南美洲亚马孙河流域的森林里，那里属于赤道地区，全年的温度都很高，雨水以及土壤中的营养物质也很丰富，很适合橡胶树的生长。后来，人们发现橡胶树的乳汁有很多作用，所以开始到处栽培，慢慢地，橡胶树流传到了世界的各个地方，后来也在我们中国安家落户了。

橡胶树的乳汁为什么有很大的作用呢？这是因为橡胶树的乳汁凝固后软软的，弹性非常好，不仅能做成各种形状的东西，而且还能防水、防电。如果对它做些简单加工，还能耐热、耐寒、耐磨等，甚至酸、碱这样的化学物质也不容易腐蚀它，这简直是金刚不坏之身呀！这样的好东西当然有大作用啦！所以后来人们开始开发利用这种乳汁，并对它进行简单的加工。因为这种乳汁来自橡胶树，所以就把加工后的材料叫作天然橡胶。在我们的生活中，有很多东西都是天然橡胶做成的。我们冬天喜欢的暖水袋；医生护士或者实验人员必须要戴的橡胶手套；自行车上面的轮

橡胶树

胎，以及汽车、飞机的轮胎：这些东西都离不开天然橡胶哦！不仅仅是这样，在一些高端科技产品身上，也有天然橡胶的身影。例如，飞向太空的人造卫星、宇宙飞船等。看样子，橡胶树对我们人类的贡献真是很大啊！

你们有没有注意到，科学队长刚刚提到的都是天然橡胶，为什么不直接叫它橡胶呢？这里有一个小知识需要我们留意：我们在生活中常常说的橡胶，并不一定就是由橡胶树的乳汁加工而来的。因为橡胶可以分为天然橡胶和合成橡胶两种，只有天然橡胶才是来自橡胶树的乳汁。合成橡胶是人们根据天然橡胶的成分人工合成的材料。

橡胶树的乳汁果然神通广大！可是，为什么橡胶树能产生这么神奇的乳汁呢？要回答这个问题，科学队长得先透过树皮，仔细瞧瞧树木的内部构造。高大的树木被砍断后，我们只能看到被树皮包裹着的木材，实际上，这些木材上面有很多微小的结构，只是我们的肉眼分辨不出来。有些结构可以给植物运输水分、空气或者营养物质，有些结构能分泌可以挥发的油，而有些结构就可以分泌乳汁。这些可以分泌乳汁的结构叫作"乳汁道"或者"乳汁管"，它们分泌出的乳汁又叫"乳胶"，一般是乳白色的，橡胶树的乳汁就是这样的颜色。不过，也有些植物分泌的乳汁是黄色的、棕色的，甚至是无色透明的。

这些乳汁对于植物们来说，有什么作用呢？在回答这个问题之前，先来想想我们自己。当有虫子咬我们时，我们可以把它们赶走；当遇到危险时，我们可以拔腿就跑。那植物就很郁闷了，不能把伤害它的动物们赶走，也不能撒腿跑走。可还是得顽强地生存下去呀，总不能任由别的生物伤害自己吧？那就只能分泌一些物质来保护自己了。乳汁就是植物保护自己的武器。有些植物分泌的乳汁有很强的毒性，虫子或者其他动物啃咬树干，或者吃掉树叶后，会感到很难受，甚至中毒死亡。动物们也不傻嘛，下次再遇到这种植物时，它们肯定不敢再吃了，这样植物们就达到了保护自己的目的了。另外，当植物受伤后，流出的乳汁一会儿就会凝结形成胶状物质，胶状物质会把伤口盖住，就像贴上创可贴一样，这样伤口很快就会愈合啦。而且，有些乳汁里含有的物质可以抑制细菌的生长。看样子，要保护好自己真是要下一番功夫呀！

在自然界，虽然不是所有的植物都有分泌乳汁的能力，但是有这种能力的植物还是很多的。除了橡胶树，还有漆树、桑树等都能分泌乳汁。对于我们人类来说，它们各有各的作用。有一种叫作"人心果"的植物，分泌的乳汁可以做成我们嚼的口香糖。漆树分泌的乳汁叫作"生漆"，生漆可以被做成各种涂料、油漆。有些植物的乳汁还能做成药物哦！功能可真不少！不过，我们不能过度地开发利用，否则会伤害到这些植物。

小朋友们，这一期科学队长带你们认识了一种叫作"橡胶树"的植物。橡胶树分泌白色的乳汁，可以被加工成天然橡胶，是我们生活中很多物品的材料来源。除了橡胶树，还有很多植物能分泌乳汁，它们之所以会分泌乳汁，主要是为了保护自己。如果你们下次去公园或者树林，可以尝试着找找这样的植物哦。

● 每 期 一 问 ●

橡胶树为什么要分泌乳汁？

参考答案：为了保护自己，不被其他动物侵扰的。

40

鱼腥草的腥味儿是哪来的?

扫一扫
听科学家讲科学

●开门见山●

面对同一样东西, 有的人很喜欢, 有的人却很讨厌。许多蔬菜都能让我们体会到这一点, 比如大家熟悉的香菜。可是, 这一期科学队长要介绍的这种蔬菜, 恐怕比香菜更加让人爱憎分明。它就是鱼腥草, 那么, 鱼腥草的腥味儿是哪里来的呢?

●队长开讲●

有句俗话叫:"萝卜青菜, 各有所爱。"也就是说, 面对同一样东西, 有的人很喜欢, 有的人却很讨厌。许多蔬菜都能让我们体会到这一点, 比如香菜。还有一种蔬菜, 有人一想

到它的味道就要流口水, 可是另一些人却觉得它又腥又臭, 完全无法接受。如果你们生活在我国的西南地区, 那么应该很熟悉它, 它就是鱼腥草, 正式的名字叫"蕺(jí)菜", 还有一个绰号叫"折耳根"。

就算你们从来没有见过它, 可是一听"鱼腥草"这个名字, 大概就已经能想象得出它的气味了吧? 据说, 越国的国王勾践被吴国的国王夫差打败了。于是, 勾践每天都睡在很不舒服的柴草上, 还时不时地尝一下难吃的苦胆, 来提醒自己不要忘记亡国的痛苦。这个故事, 就叫作"卧薪尝胆"。后来, 有一位叫王十朋的诗人写了一首叫《咏蕺》的诗来歌颂蕺菜——也就是鱼腥草。

诗里说，勾践卧薪尝胆 19 年，受了很多苦，就算只是鱼腥草这样味道怪怪的野菜，他吃起来也觉得很美味呢！

🌿 鱼腥草

🌿 鱼腥草的花与叶子

听了这个故事，你们是不是更好奇了，鱼腥草这种特殊的腥臭气味，到底是从哪儿来的呢？在回答这个问题之前，还是先和科学队长一起来瞧一瞧鱼腥草的模样吧。它的叶子看上去有点儿像可爱的鸡心形状，朝上的一面是绿色的，有时还有些紫色斑块，而背面通常是紫红色的，它的茎秆很脆，很容易折断。每年的初夏时节，鱼腥草会开花：四片雪白的小花瓣，簇拥在中间毛茸茸的黄色花蕊周围。如果你们揪一片叶子下来闻一闻，就会发现它有一种奇怪的味道，就像臭臭的鱼腥味儿。不过，在喜欢吃鱼腥草的人看来，这反而是一种特殊的清香味呢。

鱼腥草喜欢温暖湿润的气候，讨厌干旱，在我国的广大南方地区都可以看到它的身影。它的个子很矮，每年 6 月正是鱼腥草长得茂盛的时候，茁壮成长的鱼腥草田，看上去就像一块碧绿的地毯。到了 10 月下旬，鱼腥草生长在地面上的部分全都枯萎了，这时候农民伯伯就开始采收它长在地下的部分，准备送上人们的餐桌啦。咦，这是鱼腥草的哪个部位呢？

别急，我们先来观察一下盘子里的鱼腥草。一般来说，鱼腥草常见的吃法是配上辣椒油凉拌，看上去就像一根根又细又白的迷你小竹子，上面甚至还有惟妙惟肖的"竹节"。很多人以为这是在吃鱼腥草的根。实际上，它并不是根，而是茎。

只不过这种茎看起来比较像根，所以我们管它叫"根状茎"。那它的根到底在哪里呢？原来，就在那些好像竹节的地方，长着一些细小的根须，它们才是鱼腥草真正的根呢。

盘中鱼腥草

为了给鱼腥草的枝叶提供养分，根状茎埋伏在泥土里，默默地储存着丰富的营养物质。不过，泥土里不仅有营养，还有许多细菌和真菌。这些家伙看着白白嫩嫩、营养丰富的鱼腥草茎，也想来尝尝。可是，鱼腥草才不怕呢！它身体里藏着秘密武器——特殊的"鱼腥草素"，鱼腥草体内的鱼腥草素可以有效地对抗金黄色葡萄球菌、流感嗜血菌、肺炎链球菌等一些对它有害的细菌。也就是说，鱼腥草素可以抑制细菌生长，具有一定的抗菌本领。

鱼腥草那股难闻的腥臭味道，正是来源于鱼腥草素。其实，想要消除这种气味并不算太难。因为鱼腥草素特别娇气，在加热的过程中，很容易被氧化分解成另一种没有气味也没有杀菌作用的物质。也就是说，如果我们把鱼腥草炒熟了再吃，难闻的气味就会淡很多啦。当然，这时候的鱼腥草，也就失去抗菌消炎的作用了。

说到这里，也许你们会想：要是感冒嗓子疼，我们不顾它的鱼腥味，多吃一点凉拌生鱼腥草，让鱼腥草素杀死体内的流感病毒，是不是就能治好感冒了？科学队长不得不提醒大家：生病还是应该去看医生，自己贸然生吃大量鱼腥草，不仅可能治不好感冒，还有可能引起过敏反应哦。

实际上，自从发现了鱼腥草素的神奇本领，人们就开始琢磨：能不能把鱼腥草素提取出来，做成注射液，直接注入人体内，让它更好地发挥抗菌消炎的作用呢？遗憾的是，鱼腥草注射液曾经引起了很多病人的严重不良反应，2006 年，我们国家就下令暂停使用鱼腥草注射液了。直到现在，我们还是没能找出该怎么安全又有效地注射鱼腥草素。

但是，你们也不用过分紧张。跟注射液相比，吃点鱼腥草还是比较安全的。所以，如果你们喜欢鱼腥草的味道，还是可以把它当菜吃。

这一期的节目就接近尾声了，科学队长带大家回顾一下这一期的主角——鱼腥草吧。它的腥味儿来自鱼腥草素，别看味道怪怪的，可是抗菌的本领可不小哦。需要注意的是：鱼腥草素经不起加热，很容易分解，如果我们把鱼腥草用高温煮熟，就不会有那么大的腥味啦。

● 每期一问 ●

人们吃的是鱼腥草的根还是茎？

本期答案：茎。

41

蓝莓和草莓是亲戚吗?

● 开门见山 ●

如果你们留心水果的名字，会发现有些水果的名字很像，比如西瓜、甜瓜、黄瓜、哈密瓜，它们的名字里都有一个"瓜"字，好像是亲戚呢！还真猜对了，它们几个都来自葫芦科这个大家族。那草莓、蓝莓、山莓、蔓越莓等叫作"莓"的水果是不是也来自同一个家族呢？

● 队长开讲 ●

你们喜欢和爸爸妈妈一起去买水果吗？在水果店里，琳琅满目的水果悠闲自在地躺在货架上，如果你们留心这些水果的名字，会发现有些水果的名字很像。你们看，西瓜、甜瓜、黄瓜、哈密瓜，它们的名字里都有一个"瓜"字，都是来自葫芦科这个大家族的。咦？那草莓、蓝莓、山莓、蔓越莓等叫作"莓"的水果是不是也来自同一个家族呢？问题可不是这么简单哦，它们之间到底有什么关系呢？下面科学队长就带你们去看看。

说到草莓，你们应该不陌生，红色或者红白色的果肉吃起来酸酸甜甜的，是很多人喜爱的水果呢！其实，草莓和苹果、梨、桃这些水果来自同一个家族，也就是蔷薇科大家族。不过，它和苹果、梨这些水果不太一样，我们平时说的一颗草莓，不能算是一个果实，而是很多个果实。在植物学中，这颗草莓叫作"聚合果"，意思是

"聚集起来的果实"。这到底是怎么一回事呢？原来，草莓上像芝麻那样的小黑点是草莓的种子，一粒种子和它周围的果肉组成一个小果，这些小果实连在一起就组成了一颗草莓。

草莓

草莓不仅果实很独特，它的茎也很有特色。它是草本植物，不像它的亲戚苹果、梨那样，有高大的树干，而是只有细细矮矮的茎秆。在这里，科学队长想问大家一个问题：你们知道农民伯伯在种植草莓时，一般怎样让草莓繁殖后代吗？你们可能会说"种子"，水稻、小麦这些草本植物不都是用种子繁殖下一代的嘛！可实际上，农民伯伯很少用草莓的种子繁殖新一代的草莓，而是用草莓的葡匐茎来繁殖。什么是葡匐茎呢？在草莓长大的过程中，除了长叶子外，还会长出一种细细长长的、贴着地生长的茎，就像葡匐卧在地上的士兵一样，叫作"葡匐茎"。在葡匐茎上会神奇地长出小的草莓苗，农民伯伯就用这些小的草莓苗来繁殖新的草莓。是不是很神奇呀？

山莓

认识完草莓，科学队长再带你们认识认识山莓和黑莓，这两类名字中有"莓"字的植物还真是草莓的亲戚哦。它们和草莓一样，都是蔷薇科大家族的成员，也都是聚合果，是由很多小果聚合在一起形成的。如果你们现在把一颗草莓、一颗山莓和一颗黑莓放在一起，会发现它们三个看起来很相似，但是仔细观察会发现，山莓和黑莓要长得更像些，它们没有像草莓那样明显的小黑点，而是由很多像圆球一样的突起组成的。这小突起就是小果，如果把它们放大了看，就好像很多小气球紧密地绑在一起。

科学队长刚刚说过，草莓是草本植物，没有直立的树干。不过，山莓和黑莓可不是这样的！它们有树干，只不过树干不是很高，也不是很粗，属于灌木。听科学队长介绍到这里，你们可能已经猜到了：是不是山莓和黑莓的亲缘关系更近呀？没错，山莓和黑莓都是蔷薇科悬钩子属的植物，而草莓是蔷薇科草莓属的植物。这就好像山莓和黑莓是亲兄弟，草莓是它们的堂兄弟，一般情况下，当然是亲兄弟之间长得更像啦！

黑莓

草莓、山莓、蓝莓都来自同一个大家族，那蓝莓呢？它的名字里也有"莓"字呀！不要着急，科学队长马上揭晓答案。

你们应该吃过蓝莓味的冰激凌，或者喝过蓝莓味的果汁，那有没有亲眼见过蓝莓的果实呢？科学队长第一次见到蓝莓的时候，觉得蓝莓就像是蓝色的小苹果，不过，是缩小了很多倍的蓝色苹果。蓝莓的果子圆圆的，个子特别小，一般的蓝莓比樱桃还要小呢！蓝色的果子外面还盖着一层白色的粉，这使蓝莓的果实看起来更加诱人。

蓝莓名字里虽然有"莓"字，但是和草莓没什么亲缘关系。在植物学界，蓝莓在中国正式的名字其实叫"笃斯越橘"，是杜鹃花科越橘属的植物，和杜鹃花，也就是人们常说的映山红，来自同一个大家族。蓝莓的果实里面含有丰富的花青素，这是一种色素，在很多植物的花和果实中都有这种色素。花青素是一种天然的抗氧化剂，有益于我们的健康，所以越来越多的人开始喜爱蓝莓。

蓝莓

刚开始，蓝莓都是自然生长在野外的。在我们国家，野生蓝莓主要生长在东北的长白山以及大兴安岭、小兴安岭地区。自然生长在野外的蓝莓一般个子比较矮，有些野生的蓝莓树还不到50厘米高，比普通凳子还要矮呢！也就是说，

如果我们要摘蓝莓果，得蹲下去才能采摘到。野生的蓝莓结的果子也比较小。人们希望得到果实大、采摘方便，以及有其他优点的蓝莓树，于是开始人工培育蓝莓新品种。所以，现在世界上有各种各样的蓝莓品种。

蓝莓有一个亲戚，叫"蔓越莓"，它也是杜鹃花科越橘属的植物。蔓越莓的果实和蓝莓长得很像，不过不是蓝色，而是鲜艳的红色。你们可能喝过蔓越莓味道的果汁，但是很少在水果店见到蔓越莓，这又是为什么呢? 因为蔓越莓喜欢生活在特别寒冷的地方，它的果实又不容易保存，从它生长的地方运到我们这里不是很方便，所以我们很少能看到新鲜的蔓越莓果子。不过，能品尝到美味的蔓越莓果汁，也很不错哦!

说到这里，你们是不是已经认识好几种名字中有"莓"字的植物啦? 科学队长这一期给大家介绍了草莓、山莓、黑莓、蓝莓以及蔓越莓。草莓、山莓和黑莓长得比较像，它们都来自蔷薇科这个大家族；蓝莓和蔓越莓长得比较像，它们俩来自杜鹃花科家族。不过，科学队长要提醒你们哦，在植物学中，长相相似的植物可不一定是亲戚。植物分类是一件十分复杂的工作，这其中有很多奥秘，如果你们有兴趣，以后可以慢慢探索。

● 每期一问 ●

草莓一般怎么繁殖后代?

42

沙漠里的英雄:
胡杨

扫一扫
听科学家讲科学

● 开门见山 ●

提到沙漠,你的脑海里是不是会浮现出这样一幅画面:漫漫黄沙铺天盖地,举目望去,满眼都是沙丘,看不到边界。是的,很多沙漠看起来都是这样,不过,如果你们去新疆的塔克拉玛干沙漠,可能会遇到这样的情景:远远看去,前面的土丘上好像立着一个熊熊燃烧的大火球,走近一看,哦!原来是一棵大树。这是什么树呢?它呀,就是神秘的胡杨树。为什么说它神秘呢?它又怎么能顽强地生活在干旱的荒漠上呢?快和科学队长一起去探个究竟吧。

● 队长开讲 ●

在我们国家的新疆,有一座山脉叫作天山山脉。在青海、新疆和西藏交界的地方,也有一座山脉,叫昆仑山脉。每到夏天,天山和昆仑山上的积雪会融化,融化后的水汇集到一起,形成了塔里木河。在天山南边的山脚下,有一个叫作塔里木的盆地,而塔里木盆地的中心,是一个大沙漠,那就是我们国家大名鼎鼎的塔克拉玛干沙漠。塔里木河从大沙漠的边缘流过,贯穿整个塔里木盆地。目前,世界上最大的、生长得最好的胡杨林,就生活在塔里木盆地的北边,塔里木河的下游。

如果你们沿着塔里木河往下游走,很可能会看到这样的景象:塔里木河的河水在静静地流淌,河岸边屹立着一棵棵胡杨,就像一群魁梧的战士守护着大漠,牛羊在小树林底下嬉戏玩耍,好不惬意！在维吾尔族的语言中，胡杨叫作"托克拉克"，意思是"最美丽的树"。怎么样，是不是想快点瞧一瞧它的风姿？

🌱 塔里木河的胡杨

胡杨是杨柳科杨属的植物，我们在湖边常常见到的婀娜多姿的垂柳，以及在路边见到的高大挺拔的白杨都是它的亲戚。在胡杨还是小幼苗的时候，树叶是细细长长的，有点像垂柳的叶子；当它长大后，叶子就变宽了，看起来很像杨树的叶子。沙漠里环境恶劣，很少有植物能存活下来，就算有，也一般是个子矮小的种类。不过，胡杨树可不一样，长大后的胡杨树有十几米高，它树干的直径能达到 1.5 米，也就是说，要好几个成年人手拉手才能抱住它，它在沙漠里是当仁不让的大个子呢！春夏季节，胡杨的叶子是绿油油的，生机勃勃，到了秋冬季节就变成了金黄色或者橙红色。正是有胡杨的存在，荒凉的沙漠才显得不那么孤寂。对于当地人而言，胡杨是"沙漠里的英雄树"。

胡杨还有另一个称号——"植物活化石"，因为它在 6 500 万年前就已经存在于地球上了，是一种古老的树种。它有顽强的生命力，在沙漠地带，极其缺乏水分，白天很热，晚上很冷，常常还有漫天风沙；而且，在戈壁滩的土壤中，不仅缺乏营养物质，还有很高的盐分，这都不利于植物的生长。即使在这样恶劣的环境中，胡杨也能生存下来，而且寿命很长。人们常常说它"活千年不死，死千年不倒，倒千年不朽"。意思就是：胡杨可以活 1 000 年；即使死亡后，也不会倒下，还能在地上屹立 1 000 年；倒下后，要再过 1 000 年才会腐烂。不过，这种说法只是为了夸赞胡杨。实际上，一般的胡杨活不了 1 000 年，寿命比较长的胡杨树可以活 200 年左右，虽然和 1 000 年相比差了很多，但是和一般的植物比起来，这已经算长寿了，何况它还是生活在自然条件那么恶劣的地方呢！能有这样顽强的生命力，它身上到底藏着什么秘密呢？

胡杨树的根就是秘密之一。它先将自己的根大面积地铺在周围土壤的表层，这些根系能敏锐地捕捉到含有营养物质和水分的地方。而且，在这原有的根上，还能长出新的根，一旦土壤上层的水分含量下降时，新长出的根就会水平延伸到更远的地方，或者向下扎到土壤的深处寻找水源。因为地下水都藏在地下更深的地方，所以根扎得越深，越有可能吸收到水分。既然不容易得到水分，那就得节约用水，胡杨在减少水分散失上可是下了一番功夫哦。科学队长刚刚说过，胡杨小时候叶子是细细的，这是因为，小时候它的根系还没有完全伸展开，吸收水分的能力比较弱，而

细细的叶子可以减少水分蒸发，而且叶子上还有一层革质，就像给叶子涂了一层蜡一样，这也是为了减少水分的蒸发。

刚刚科学队长说过，胡杨生活的地方，土壤中有很多盐分。当我们吃太多盐后，会觉得很渴很难受，而且有可能会因此生病，对于植物来说也是这样的！那胡杨怎么办呢？当胡杨树吸收进很多盐分后，会通过茎和叶子上的腺体排出去，如果体内的盐分还是太多，它就会将多余的盐分通过树干上的裂口排出去，所以我们不用担心它会被渴死，或者被咸死。

除了让自己生存下来之外，对于怎样繁殖后代、保证种群的数量，胡杨也有自己的一套方法。在每年的 7、8 月，也就是一年中最热的时候，雪山上的雪融化了，雪水流进了塔里木河，水量很大，所以河水往往会溢出河道，漫到河岸两边的土地上，形成河边漫滩，那里可是沙漠地区少有的湿润地带呀！胡杨一定不会错过这个好机会，这段时间，它会抓紧时间让果实成熟。成

熟的果实裂开后，会露出带有冠毛的种子。冠毛非常轻，有了它，种子就像插上了翅膀，在风儿的帮助下，可以飞到很远的地方。很多种子就飘散到河岸边的漫滩上，在这样的地方，胡杨种子会迅速发芽，努力长大。

在那么干旱的地区，湿润的漫滩毕竟不多，但是如果胡杨的种子在成熟后，不能及时落到湿润的土地中，很快就会失去发芽的能力，所以只通过种子来繁殖后代风险太大了。这时候，胡杨就要用上"根蘖繁殖"。什么是"根蘖繁殖"呢？

原来，植物的根有时候会长出小芽，这些小芽会生出地面长成小苗，而胡杨的根，发芽能力特别强，这才能保证种群一代代繁衍下去。实际上，根蘖繁殖是胡杨树繁殖后代的主要方式。

对于茫茫的荒漠而言，胡杨是非常珍贵的树种，它的根系牢牢地抓着土壤，让土壤不容易变成沙子。当狂风大作、黄沙漫天时，成片的胡杨林能够阻挡住沙子，而且它的枝叶可以作为牛羊的食物，难怪对当地人来说胡杨是"沙漠里的英雄树"。如果你们有机会去新疆，可以去看看胡杨哦！

● 每期一问 ●

胡杨有哪两种繁殖方式？

43

晚上要不要把植物放在卧室呢？

扫一扫
听科学家讲科学

• 开门见山 •

我们人类每天都要呼吸，动物们以及路边的花花草草也是一样哦！这样算起来，地球上的生物每天要消耗掉很多很多的氧气，吐出很多很多的二氧化碳，那为什么氧气还没有被消耗完，二氧化碳的量好像也没什么变化呢？

• 队长开讲 •

我们人类每天都要呼吸，把空气中的氧气吸到肺部，再把身体内的二氧化碳吐出来。除了人类，动物们以及路边的花花草草也是一样的。这样算起来，地球上的生物每天要消耗掉很多很

多的氧气，吐出很多很多的二氧化碳，那为什么氧气还没有被消耗完，二氧化碳的量好像也没什么变化呢？没错，这都是植物的功劳，植物的光合作用会调节氧气和二氧化碳的含量。不过，也不是那么简单，这其中还有一些你们不知道的秘密哦！

在揭开其中的奥秘之前，我们得先来了解一下植物的光合作用。简单地说，植物的光合作用就是在光的照射下，植物将吸收进的二氧化碳和植物体内储存的水，进行一系列加工，最后转化成有机物储存起来，在这个过程中还会吐出氧气。实际上，除了植物，一些藻类以及个别其他生物也能进行光合作用。

光合作用对于地球上的生物来说可真是功劳不小！可以说，如果没有光合作用，就没有我们人类。因为通过光合作用，植物可以把光能转化成自身有机物中的能量。植物被动物吃掉之后，这些能量又转移到其他的动物身上，一些植物、动物体内的能量，最后通过食物转移到我们人体中。有机物是构成我们生命的基础物质，我们体内的有机物发生一些化学反应后，能给我们提供能量，让我们能跑能跳，并且有足够的精力学习、玩耍。另外，也正是因为植物在光合作用中会吸收二氧化碳、释放氧气，我们才有源源不断的氧气可以利用。

植物既能美化环境，赏心悦目，又可以给我们提供氧气，所以在我们家里，养一些合适的小植物，真是非常不错的选择呢！不过，有一个问题呀！到了晚上，没有了阳光，植物就不能进行光合作用了，那也就不能释放氧气了；而且植物同样也需要呼吸，所以在晚上，植物不但不会给我们提供氧气，还会消耗氧气。因此，有些人就感到疑惑：晚上要不要把卧室里的植物搬出去

呢？其实个子小的植物，呼吸强度和我们人类比起来非常小，所以在我们睡觉的时候，把它放在旁边也没有多大关系。如果是个子大的植物，放在卧室可能就没那么合适了哟！

曾经有人问科学队长："是不是应该在卧室里放一些多肉植物呀？因为多肉植物和一般的植物不一样，它们在晚上进行光合作用，这样就可以在我们睡觉的时候释放氧气了呀？"听到这里，你们是不是有点迷糊了？为什么多肉植物要在漆黑的夜晚进行光合作用，它们真的会增加卧室里的氧气含量吗？跟着科学队长继续往后看吧！

多肉植物

我们通过鼻子进行呼吸，那植物没有鼻子，怎样才能呼吸呢？那就要靠植物的气孔了！气孔

多肉植物

是植物身上的小孔，植物的叶子、茎等器官上都有很多气孔。它们就像植物身上的一个个小门，当这些门打开时，植物才能和外界进行气体交换，也才能进行蒸腾作用。植物通过蒸腾作用，将体内的水分变成水蒸气散发到外界的大气中。也正是因为有蒸腾作用，植物的根才有动力从土壤中吸收水分哦！不过在大中午的时候，植物一般会把气孔的门关上，因为那时候，太阳特别大，天气非常热，如果让气孔开着，蒸腾作用会非常的剧烈，植物体内的水分会大量散失，就像我们在夏天的中午，放一盆水在阳光下，不一会儿的工夫，盆里的水就会减少好多一样。

这到底和多肉植物的光合作用有什么关系

呢？关系可大着呢！仙人掌、芦荟等多肉植物，原本是生活在炎热又干旱的地方，为了保持身体内的水分，这些植物身体上的气孔数量比一般的植物要少，气孔也比较小。

在白天，温度太高，多肉植物只能紧紧地关上气孔的小门，不然就会因为失水太多而死亡。气孔关闭了，不能进行气体交换，怎么进行光合作用呢？为了解决这个问题，多肉植物有一套与众不同的代谢方式，因为这种方式最开始是在景天科植物身上发现的，所以叫作"景天酸代谢"。

仙人掌

植物的光合作用，可以简单地分成两个阶段。第一个阶段，植物将吸收进的二氧化碳转化成一些中间物质。第二个阶段，利用阳光的能量，把第一个阶段中留下来的中间物质转化成有机物储存起来，并且释放出氧气。对于一般的植物而言，这两个过程几乎可以同时进行。不过在一些多肉植物体内，这两个过程是分开的，因为在进行光合作用时，只有第二个阶段是需要阳光的，第一个阶段并不需要阳光！因此，一些多肉植物，选择在温度比较低、湿度比较高的晚上打开气孔，吸收二氧化碳，进行光合作用第一个阶段的反应；

🖐芦荟

到了白天，温度高了，湿度低了，就关上气孔的小门。而白天又能获取阳光，所以赶紧进行第二个阶段的反应。通过这样特殊的方式，既能正常地进行光合作用，又能保证自己不会因为失水过多而死亡。

白天气孔关闭了，多肉植物还得呼吸呀！所以，它们就利用白天光合作用制造的氧气进行呼吸；到了傍晚，气孔重新打开时，再把体内呼吸作用制造的二氧化碳和剩余的氧气释放出来。了解完多肉植物的光合作用，现在你们应该明白了：实际上它们在晚上也不能制造氧气，虽然有一些白天剩下的氧气会释放出来，但是晚上的呼吸作用也要消耗掉一些氧气，所以多肉植物在晚上增加的氧气含量微乎其微呢！

即使植物们不会在晚上给我们制造氧气，但是它们仍然是地球上的功臣，让我们有舒适宜人的环境，也让我们有新鲜的空气。如果有合适的条件，你们也可以尝试栽种一些小植物哦！

● 每期一问 ●

植物的光合作用可以制造什么？

上期答案：氧气。

44

生石花：
有生命的"石头"

扫一扫
听科学家讲科学

· 开门见山 ·

你们见过会开花的石头吗？如果有人告诉你们说："我花园里的石头开花了！"你们肯定会感到疑惑："石头怎么可能会开花呢？明明只有有生命的植物才能开花嘛，可是石头是无生命的物质呀？"这一期，科学队长要带你们认识一种特殊的"石头"，它就是有生命的、会开花的"石头"——生石花。

· 队长开讲 ·   科学队长
Captain Science

在生活中，我们有时会用"石头都会开花"这样的话来形容某件事情几乎不可能完成。那会

不会真的有石头能开花呢？这一期，科学队长就带你们去认识一种特殊的"石头"，它就是有生命的、会开花的"石头"——生石花。其实，生石花是原产于非洲南部和西南部沙漠地区的一种植物，这里的"石头"可不是路边的石头哦。那为什么又要叫它"石头"呢？跟着科学队长一起来了解一下吧。

生石花，又叫"石头玉""屁股花"，它能生长、能开花，所以人们叫它"生石花"。在没有开花的时候，它们就像一块裂开的鹅卵石，左右各一半，一块块、一堆堆半埋在土里。这些"小石块"有灰色、绿色、棕色等多种颜色，它们的顶部有的很平坦，有的特别圆滑，有些上面还镶

嵌着一些深色的花纹，看着可爱极了。生石花把"石头"这个角色扮演得惟妙惟肖，往往令一些不明底细的旅行者真假不分，当他们想捡几块"小石头"作为旅行纪念时，才发现自己上当了。

石生花

那这些我们能看见的"小石块"是生石花的什么器官呢？是茎还是叶片？你们应该见过仙人掌吧？仙人掌的茎肉乎乎的，属于多肉植物，生石花也是多肉植物哦！说起多肉，大家肯定不陌生。它们的茎、叶或者根会膨大，膨大的组织可以像海绵一样吸收水分，在外形上显得肥厚多汁。例如仙人掌，它茎部肥厚多汁，叶子演化成像针一样的小刺，这样可以减少水分的散失。生石花就不太一样了，它的茎部很短，常常看不见，反倒是叶子肥厚多肉，像极了肥胖版的字母"V"。

所以我们能看见的"小石块"，其实就是生石花肉质多浆的叶子。这些叶子在雨季会吸收充足的水分，为生石花度过炎热的夏季和开花做准备。

说到这里，你们是不是想问："生石花为什么会长成这个样子呢？"这可与它们生活的环境息息相关了。生物与生物之间，生物与环境之间，都存在着激烈的竞争，相互争抢食物，争夺空间，能适应环境的生物才会存活下来，这是自然界生物演化的基本规律。那为了生存，它们会有什么看家本领呢？为了避免天敌，许多生物在进化过程中形成的形态、色泽或者斑纹，与其他生物或者没有生命的物质非常相似，科学家们把这种现象叫作"拟态"。也就是说，把自己伪装成其他东西。"拟态"是一种很有趣的自然现象，它能让生物很好地适应环境。动物界的竹节虫算得上著名的"伪装大师"，它们装扮成小树枝或小竹枝，惟妙惟肖，与环境融为一体，只有在爬动的时候才会被发现。

植物也有拟态，生石花就是其中之一。仙人

掌这样的多肉植物，身上有很多刺，想要吃它的小动物见到浑身尖刺的仙人掌，只能无可奈何地走开。但是，像生石花这样没有尖刺的肉质多汁的植物，就得靠其他办法保护自己啦！在演化过程中，生石花模拟了石头的形态和色泽。这样，在贫瘠的沙漠地区，许多饥肠辘辘的小动物，看见藏在沙砾乱石中的生石花后，以为那就是一块普通的石头，自然对它不屑一顾啦！你们看，生石花是不是植物界的"伪装高手"呀？在大自然这个多姿多彩的王国里，惊喜和惊险总是相伴而行，不具备点本领可是很难生存下来的哦！

"石头会开花"，听起来总是令人充满期待。你们是不是迫不及待地想看看这能开花的"石头"啦？一般长了 3 ～ 4 年的生石花植株就可以开出颜色鲜艳的花朵，一株通常只开 1 朵花，个别能开出 2 ～ 3 朵花。等到了花期，鲜艳夺目的花朵从"石缝"中开放，有黄色的、白色的，还有玫瑰红色的，花朵几乎可将整个植株遮盖住呢。

生石花的花朵喜欢在午后开放，傍晚闭合，

👆石生花

这样可以延续 5 ～ 7 天。为什么它的花朵白天开放，晚上会闭合呢？难道花朵也需要睡觉吗？其实这种行为叫作"感夜运动"，确实有点像动物的睡眠。当外界的光照和温度发生变化后，植物会开始保护自己。首先，花朵闭合后，可以抵御夜晚的寒冷和恶劣的天气，避免环境对花朵内部造成伤害；其次，花朵闭合后，可以将露水隔在花瓣的外面，使花朵里面保持干燥，从而方便白天昆虫的传粉。

在一年之中的冬春季节，天气晴朗的午后，生石花竞相绽放，远远望去，就像给大地铺上了一层花毯；当干旱的夏季来临时，生石花会进入休眠期，荒漠又变成了"碎石"的世界。你们是不是忍不住要赞叹大自然的神奇啦？

近年来，生石花因为有可爱的长相而逐渐走红，吸引了众多爱好者。很多人喜欢把它放在办公桌或者书桌上，把它当作萌萌的宠物。你们是否也跃跃欲试呢？赶紧行动起来吧。但是科学队长得先提醒下你们：养生石花需要掌握一定的方法，不然它可能会出现一直长个儿但不开花的现象。大家可以去探索一下，看怎样才能种植出健康美丽的生石花。期待有一天，你们可以叫小伙伴们来自己的秘密花园里看"石头开花"哦。

● 每期一问 ●

"小石块"是石头花的什么器官？

参考答案：叶子。

45

魔芋的"魔法"

扫一扫
听科学家讲科学

·开门见山·

有这么一类神奇的植物：它们有着世界上最大的花朵；它们不仅长相奇异妖媚，还会通过各种各样的手段，诱惑昆虫为它们授粉；它们体内拥有令人望而生畏的毒素，却又被做成了传统美食。什么植物这么神奇呢？跟着科学队长一起去探索吧！

·队长开讲·

有这么一类神奇的植物：它们有着世界上最大的花朵；它们不仅长相奇异妖媚，还会通过各种各样的手段，软硬兼施，诱惑昆虫为它们授

粉；它们体内拥有令人望而生畏的毒素，却又被做成了传统美食。原来，它们就是魔芋。是不是听名字就觉得像是在魔法世界？为什么它有毒却还能被做成美食呢？下面就跟着科学队长一起去探索吧！

魔芋是天南星科大家族中魔芋属小家族的植物。天南星科植物最为独特的地方就是它们的花，许许多多的小花紧紧地聚集在一根花梗上，这一根花梗上的所有小花合起来叫作"花序"。花序外头有一片大大的花苞，花苞与花序一起组合成一朵巨大的花，这就叫作天南星科植物的佛焰花序。魔芋也不例外，它有着长相奇特的佛焰花序。魔芋属植物中还有一种泰坦魔芋，它又叫"巨花

魔芋",因为它的佛焰花序可以算是世界上最高的花。

👆 魔芋的花序　　👆 泰坦魔芋的花序

　　说到这里,你们是不是很想去看看魔芋的花,然后凑近闻闻花香呀?但魔芋的花和一般香喷喷的鲜花可不同,它的花其实一点都不香,反而有令人嫌弃的臭味。不过,这臭味里可是大有文章呐!那这臭味到底有什么作用呢?这就要从花朵的结构说起啦!魔芋的佛焰花序有着大大的花苞,保护着中间的花序。花序最下方是雌性花,它们紧密地聚在一起,雌性花的上方是雄性花;而花序最上面的部分叫作"附属器",附属器就像是一根大大的蜡烛,是中空的,负责产生化学反应。魔芋的花朵开放的时候,在附属器的帮助下,花朵会释放出浓烈的臭味。这臭味又有什么用呢?谁会喜欢腐烂的味道啊?当然是各种苍蝇和小甲虫啦。臭味让这些小虫子们以为这个地方有腐烂的食物,想着这下可以饱餐一顿了,于是就纷纷被吸引过来,这不刚好落入魔芋花朵设下的陷阱里了嘛!那么,魔芋花朵究竟设下了什么陷阱呢?

　　原来,魔芋最下方的雌花会最先成熟,昆虫们落入深深的佛焰花苞中之后,发现没有食物,就想爬出去。可是,此时的花苞是很光滑的,昆虫们很难爬出去,只能反复挣扎。在它们掉进花序之前,身上可能携带了其他魔芋花的花粉。当昆虫们反复挣扎时,它们身上的花粉就会落在成熟的雌花上,从而帮助魔芋雌花授粉。一小段时间以后,雌花完成授粉,上方的雄性花就成熟了,花粉开始落下来。神奇的是,这时魔芋花苞变得粗糙起来,昆虫们可以爬出去了,但在爬出去的过程中又沾满了一身的花粉。昆虫们的记性不是特别好，沾满花粉飞出这个陷阱以后，很可能又会被另一朵花吸引，落入同样的陷阱，于是就帮助魔芋花朵互相传递花粉了。你们看，魔芋是不是很聪明呢？

科学队长刚刚说过，魔芋可以被做成传统的食物。所以一提到魔芋，很多人最先想到的不是它的花，而是餐桌上常常会见到的、好吃的魔芋豆腐。魔芋豆腐有着软绵绵、滑腻腻的口感，是非常美味的食物材料。我们都知道豆腐是大豆做的，可是这美味的魔芋豆腐又是怎么回事呢？科学队长这就带大家去探索这个问题。

魔芋豆腐

原来，魔芋的茎通常都埋在地底下，而且它的茎又大又圆，就像是一个球，所以被叫作"球茎"。我们吃

魔芋的球茎

的魔芋豆腐，就是由这球茎制作而成的。每到冬天，魔芋的叶子枯萎了，只留下营养丰富的球茎在土中过冬。球茎中富含凝胶和各种膳食纤维，可以为人体补充营养，可是硬硬的球茎要怎么才能变成像豆腐一样软软滑滑的食物呢？

在我国云南的南部，哈尼族人们会先把魔芋的球茎在水中磨碎，一边磨碎一边加入灶灰水搅拌。灶灰是柴火燃烧之后留下的灰烬；而我国其他地方的人们，多半是在磨碎魔芋的时候加入石灰水。石灰水和灶灰水都是碱性的，可以让魔芋中的凝胶物质凝固起来，最后只需要把凝固好的魔芋煮熟再切块，就变成我们平时见到的魔芋豆腐啦！在四川地区，人们冬天还会把魔芋豆腐放在寒冷的室外，一晚上过后，魔芋豆腐里的水会凝固，之后，再把魔芋豆腐拿到室内融化，这样魔芋豆腐就会变得疏松多孔，用来做菜时会更加富有风味。不过科学队长可要告诉你们：在没有做成魔芋豆腐之前，魔芋的球茎是有毒的，如果不小心咬了一口，嘴巴和食道都会发麻，严重的话还可能让嘴巴流血哦！所以，千万不要吃生的魔芋球茎。

魔芋在漫长的演化过程中，被赋予了美丽惊艳的外貌，以及复杂多样的生理特征。当然，它还有令人望而生畏的毒性。这些特点让它有了自己独特的生存之道，从而可以和人类以及各种各样的其他生命，共同在这个星球上生生不息。

• 每期一问 •

魔芋是靠什么吸引昆虫给它授粉的？

每期答案：靠发出腐烂的味道来吸引昆虫。

46
波罗蜜和榴梿，
傻傻分不清

●开门见山●

榴梿和波罗蜜的老家都在热带或者亚热带地区。这两种水果都是大个子，比苹果、梨、香蕉等常见水果的个子大得多，而且它们淡黄色的果肉外面都有粗糙的外壳。很多人都分不清楚，以为它们是亲戚，甚至有些人以为它们就是同一种水果。你们有没有这样的困扰呢？这一期科学队长就带大家仔细去分辨榴梿和波罗蜜。

●队长开讲●

科学队长曾经接到"热带水果果王擂主争霸赛"的邀请函，主办方邀请科学队长作为评委参加比赛。原来很多观众分不清榴梿和波罗蜜到底谁是谁，所以邀请科学队长去分辨这两种水果中的"大个子"。你们知道怎样区分榴梿和波罗蜜吗？现在科学队长就带大家仔细去分辨它们。

榴梿是木棉科榴梿属的大型常绿乔木，而波罗蜜是桑科波罗蜜亚科波罗蜜属的常绿乔木。所以它们根本就不是一个家族的，亲缘关系一点也不近呢！

在我们中国，榴梿主要分布在海南省和台湾地区，广东省也有少部分地区种植。当然，它有很多国外的亲戚，比较有名的有泰国的"金枕"榴梿、马来西亚的猫山王等。从6月到12月，都有的榴梿果实陆续成熟。我们再来看看波罗蜜。波罗蜜对环境的适应性比榴梿好一些，在中国岭南一带比较常见。每年的 7、8 月份是波罗蜜成熟的季节，那时你们可能会在街头看到有水果商贩在卖波罗蜜。

　　接下来，我们再从气味上认识榴梿和波罗蜜。人们常常未见榴梿身，便闻榴梿味。榴梿的果实会散发出一种特别的味道，有些人觉得很臭，所以见到榴梿，就会远远地走开；但是有些人则会越闻越觉得香，往往会被这股味道迷醉，忍不住去买一个回来解解馋。就像爱吃臭豆腐的人，一闻到臭豆腐的味道，就会禁不住凑上去瞧瞧。有一句民间谚语，叫作"榴梿出，纱笼脱"，意思是说：在榴梿成熟时，姑娘们宁愿卖掉美丽的裙子，也要尝一尝榴梿的味道。可见，人们对榴梿有多么喜爱。而波罗蜜身上的气味则是芬芳香甜的，一般人都不会讨厌它。尤其是波罗蜜的果肉，吃完后嘴巴里会有香香的气味，所以有人称其为"齿留香"。

　　从外形看，波罗蜜的果实体型较大，有点像冬瓜。在水果界，波罗蜜的果实可以算得上是最重的了，一般都有七八千克重，最重的有三四十千克呢。这么重的家伙，光凭一个人的力气可真不好拿，所以科学队长很少看到有人买一整个大的波罗蜜，一般都是水果店里的老板将波罗蜜切开，取出里面一瓣瓣黄灿灿的果肉，分装后再卖给顾客。在盛产波罗蜜的地区，很多人会在自己家里种上波罗蜜。由于波罗蜜太大，一般一家人是吃不完的，这时他们往往很乐意邀请邻居们一起来分享。相比之下，榴梿果实则要娇小一些，一般就两三千克重，所以从体型上我们就能很容易地分清它们了。

波罗蜜

☞ 榴梿

再看看它们"穿的衣服"。榴梿的颜色更黄一些，黄色的衣服上长满了类似三角形的尖刺，被扎到可是很疼的，所以其他水果一般不敢跟榴梿有冲突，不然受伤的肯定不是榴梿了。就像我们的小动物刺猬，瞧瞧它的那身刺，让敌人无从下口、无处下手。不过，当榴梿成熟后，它自己会裂开一条缝，你们只要小心地用手掰开，就能看到果肉了。波罗蜜身上的衣服就不是这样的，而是有点像鳄鱼皮，长满了密密的钉状物，摸起来跟疙瘩似的，但是不伤手，没什么杀伤力。对了，科学队长要告诉你们一个切波罗蜜的小技巧：切之前在手上和刀上抹点油。因为切的时候，波

罗蜜会流出白色的黏液，这黏液可比一般的胶水厉害，要是直接黏在手掌和刀上，可不好洗了，涂点油就不会有这样的麻烦了。

说到果实，你们知道这两种水果都是长在树木的哪个部位的吗？是长在树枝上的吗？不完全是这样的。榴梿果和大部分的水果一样，是结在树枝上的，也就是树的分枝上。榴梿果实成熟后会自然落下，所以可别轻易从榴梿树下经过哦。波罗蜜的果实就不太一样了，它不是长在树枝上，而是长在树干上的。所以在波罗蜜成熟的季节，你们要是去热带地区旅游，很可能会看到这样的景象：粗粗的树干上，挂着很多硕大的果实，就像挂着一串串黄绿色的灯笼。这就是老茎生花、老茎结果的现象。

刚才科学队长从气味、外形等方面介绍了榴梿和波罗蜜的区别，那它们的味道是怎样的呢？榴梿的果肉黏性多汁，吃起来软软的、甜甜的，有点乳酪和洋葱味，令人流连忘返。波罗蜜身上的果肉，可以说是世界上最香的水果了，香甜无

比，芳香四溢，有人会把它当作口香糖来吃呢。

　　科学队长这一期详细地介绍了榴梿和波罗蜜，我们知道：榴梿和波罗蜜都是来自热带或亚热带地区的水果。榴梿是木棉科的植物，果实是长在树枝上的，味道很特殊，有些人特别讨厌它的味道，而有些人则十分喜爱；榴梿果实比波罗蜜果实小，外面壳上的小尖刺会扎手。波罗蜜是桑科波罗蜜亚科的植物，果实是长在树干上的，闻起来比较香，个子更大，果壳外面有疙瘩。现在你们是不是能轻松地分辨出榴梿和波罗蜜了呢？

● 每期一问 ●

波罗蜜是长在树枝上还是树干上的？

每期答案：树干上。

47 为什么有的橙子上长着肚脐？

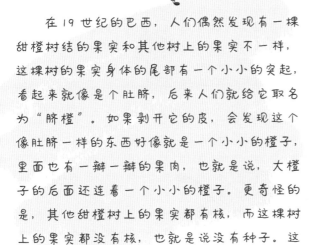

在 19 世纪的巴西，人们偶然发现有一棵甜橙树结的果实和其他树上的果实不一样，这棵树的果实身体的尾部有一个小小的突起，看起来就像是个肚脐，后来人们就给它取名为"脐橙"。如果剥开它的皮，会发现这个像肚脐一样的东西好像就是一个小小的橙子，里面也有一瓣一瓣的果肉，也就是说，大橙子的后面还连着一个小小的橙子。更奇怪的是，其他甜橙树上的果实都有核，而这棵树上的果实都没有核，也就是说没有种子。这是怎么回事呢？

拿一个柚子、一个橙子、一个橘子放在桌上，仔细观察它们，你们能发现什么秘密吗？它们是不是长得很像呀？一般橙子比橘子大一点，但是又比柚子小一点。如果你们剥开它们，会发现橙子的皮要比橘子皮厚一点，但是没有柚子皮那么厚。再看看它们的果肉，都是一瓣一瓣的，果肉的味道也有点相似呢！这到底是怎么一回事啊？接下来，科学队长就好好给你们讲讲它们的故事！

刚刚说过，柚子、橙子、橘子不仅长得有点像，吃起来的味道也有点相似。你们是不是在想，它们可能是亲戚？猜对了，它们真的来自同一个家族哦！柚子、橙子和橘子都是芸香科柑橘属的植物。柑橘属这个大家族中有大约20种植物，我们平时见到的柠檬、葡萄柚也是这个大家族的成员呢！这个家族的植物喜欢温暖的环境，主要生活在亚洲东南部以及南部地区，如果你们住在北京或者东北，就很难见到自然生长的柑橘属植物了。

👉 柚子

👆 橙子

👆 橘子

柚子、橙子、橘子的故事可不是这么简单呢！实际上，橙子是橘子和柚子杂交而来的，也就是说，橘子和柚子相当于橙子的爸爸妈妈，难怪橙子长得既像柚子，又像橘子呢。

在植物分类学中，橙子正式的中文名字叫"甜橙"。甜橙可以被分为不同的种类，主要有普通甜橙、脐橙、血橙这三大类，所以我们去水果店会看到不同的橙子。脐橙和血橙是橙子家族中很有个性的两位，下面科学队长就带你们去认识一下这两类特别的橙子吧。

👆 带"肚脐"的橙子

在19世纪的巴西，人们偶然发现有一棵甜橙树结的果实和其他树上的果实不一样，这棵树的果实身体的尾部有一个小小的突起，看起来就像是个肚脐，后来人们就给它取名为"脐橙"。如果剥开它的皮，会发现这个像肚脐一样的东西好像就是一个小小的橙子，里面也有一瓣一瓣的果肉呢，也就是说，大橙子的后面还连着一个小小的橙子。更奇怪的是，其他甜橙树上的果实都有核，而这棵树上的果实都没有核，也就是说没有种子。这种情况在之前都没有被发现过，后来科学家们知道了，原来这是因为这棵甜橙树发生了基因突变。

什么是基因突变呢？基因是一种遗传物质，控制着生物的构造和特点，我们眼睛的大小、个子的高低，是双眼皮还是单眼皮，都跟我们身体内的基因有关系。你们的基因是爸爸妈妈传递的，所以长得既像妈妈，又像爸爸。对于植物来说也是这样，一株植物会有什么特点，主要是由它体内的基因决定的。但是基因有时候也不安分，在环境的影响下，它们会发生一些意想不到的变化，科学家把这种变化叫作"基因突变"。这棵甜橙树发生了基因突变，所以它结出来的橙子很特别，这才得到了尾巴上长小橙子的脐橙。

脐橙尾巴上的小橙子到底是怎么来的呢？要回答这个问题，科学队长先要介绍一下脐橙的心皮。心皮是脐橙的器官，可以发育成果实。在脐橙果实发育的过程中，原来的心皮旁边又长出一个心皮，叫作"次生心皮"。最开始的那个心皮最后发育成了果实，就是我们吃的脐橙；次生心皮没有发育成熟，最后就变成了大橙子尾巴上的小橙子，也就是我们说的那个肚脐。植物学家把这个由次生心皮发育而来的小橙子叫作"次生果"。大橙子和小橙子就像连体婴儿一样紧紧地贴在一起。现在你们明白了吧？脐橙尾巴上面的小突起并不是肚脐，而是一个小橙子呢！

说完了脐橙，科学队长想问问大家：你们知道脐橙的亲戚——血橙，是怎么出现的吗？

血橙也是由甜橙变化得来的。1850 年，在欧洲人们第一次发现了血橙，这类橙子的果肉和果汁是鲜艳的红色，和血

血橙

液的颜色差不多，所以被叫作"血橙"或"红橙"。脐橙和其他橙子的果肉都是橙色的，为什么血橙的果肉是红色的呢？原来，血橙中含有很多花色苷。花色苷是一种色素，可以让植物呈现出很多颜色。我们看到的紫甘蓝和紫茄子是紫色的，红心萝卜是红色的，都是因为有花色苷的存在，但是柑橘类的果实中却很少含有这种色素。正是因为血橙中含有大量的花色苷，它的果肉才有与众不同的红色。

现在你们会不会在想：橙子有橙色的，还有红色的，为什么喝的橙汁都是橙色的呢？从来没有喝过红色的橙汁呀？这也和花色苷有关系。正是因为有花色苷的存在，血橙里面的汁液容易和空气中的氧气发生反应，这样不仅会使果汁变成褐色，还会产生其他物质，影响果汁的味道，所以血橙只适合当水果直接吃，不适合榨汁呢！

这一期科学队长给大家讲了橙子的故事，现在我们来总结一下：橙子是柚子和橘子杂交后得来的；橙子又叫"甜橙"，可以分为普通甜橙、脐橙、血橙三大类；大大的脐橙上有一个小小的橙子，这个小橙子是由次生心皮发育而来的；血橙果实中有花色苷，所以它的果肉是红色的，而不是橙色的。

● 每期一问 ●

脐橙的尾巴上为什么会有一个像肚脐一样的东西呢？

参考答案：图片来自于上海科技教育出版社。

48 雪莲花为什么长不高呢？

　　每当夏天来临，我们经常可以见到水塘里漂亮的莲花。有一种植物，它的名字里也有"莲花"二字，但是生活的环境却与莲花完全不一样，它就是雪莲花。雪莲花生活在寒冷的高山上，那里人烟稀少、环境恶劣，一般的植物都无法生存，雪莲为什么能够活下来并且不断繁衍后代呢？

· 队长开讲 ·

科学队长
Captain Science

　　每当夏天来临，你们应该可以见到这样的景象：一片水塘里，许多绿色的"小伞"高高低低地立在水面上，在"小伞"之间，有很多粉色

的、白色的花朵，在风儿的伴奏下翩翩起舞。这就是莲花！有水的地方才有莲花。不过，有一种植物，它的名字里有"莲花"二字，但是生活的环境却与莲花完全不一样，它就是雪莲花。雪莲花生活在寒冷的高山上，那里人烟稀少、环境恶劣，一般的植物都无法生存，雪莲为什么能够活下来并且不断繁衍后代呢？科学队长下面就带大家仔细去看看！

　　虽然雪莲花的名字里有"莲花"二字，但是它和莲花可不是什么亲戚。莲花是莲科植物，而雪莲花是菊科植物。也就是说，雪莲花是菊花和向日葵的亲戚，只是因为雪莲花看起来和盛开的莲花比较像，所以有了"雪莲花"这样一个名字。

人们一般叫雪莲花为雪莲，它的个子比较矮，只有 10 ～ 30 厘米那么高。也就是说，最高的雪莲也比一根筷子高不了多少，矮一点的雪莲可能只有你们的食指那么长呢！雪莲的叶子是椭圆形的，叶子最上面的部分是半透明的，我们把这部分叫作"膜质苞叶"，有点像一层皱巴巴的淡黄色塑料膜。如果你们在每年的 6 ～ 9 月能有幸见到雪莲，那就能欣赏到它素雅又别致的花朵。和菊花一样，雪莲的花朵也是由很多小花组成的。雪莲花刚开放时是纯白色的，成熟之后慢慢地就变成蓝紫色了，姿态优美。你们知道吗？雪莲花是云南的八大名花之一哦！

图 雪莲花

不过，很多人从没见过雪莲花，因为它喜欢生活在 3 000 ～ 4 000 米的高山上。科学队长得告诉你们，高山上的生活可是非常艰苦的呢！在那里，常年的气温都比较低，昼夜温差很大，常常有大风，而且空气稀薄，紫外线很强烈。在这样恶劣的环境下，大部分植物根本无法生存，更别说繁殖后代了，但是雪莲却能在这样的条件下一代一代地繁衍下去。其实，除了雪莲，这样的高山上还有其他一些植物顽强地生活着，虽然品种不如山脚下那么丰富，但是也足够惊艳。我们把这些生活在高山上的植物叫作"高山植物"。

在这样恶劣的环境下，高山植物为什么能生存繁衍呢？要想一代一代存活下来，这些植物们可是费了一番心思！

首先，高山植物需要粗壮而且柔韧性强的根，毕竟高山上有很多小石头、岩石块之类的东西，而且土壤里的水分不多，为了吸收到水分和营养物质，植物的根常常要穿插在石头或者岩石块的缝隙之间。如果根系不够强壮，植物们只能活活渴死或饿死。

即使有强壮的根系，大部分的高山植物繁殖效率仍然很低，看看雪莲就知道了。雪莲的种子大部分都不能发芽，就算发芽了，要等到开花，差不多需要五年的时间。在这几年的时间里，就算努力生长，也只能长到二三十厘米高。个子矮是高山植物的共同特征，有些高山植物甚至贴着地匍匐生长，就像趴在地上躲避敌人的士兵一样。当然，长不高也是有原因的：在海拔高的地方，阻挡阳光的气体比较少，所以白天阳光很强烈，而且紫外线很强，强烈的紫外线会限制植物的生长；而到了晚上，温度特别低，植物也几乎不生长。

其实，个子矮小，或者贴着地生长也是它们的生存策略。科学队长刚刚说过，高山上温度低，且常常刮大风。大家想一下：冬天刮大风的时候，如果蹲在地上缩成一团，是不是感觉没那么容易被刮走，而且没有那么冷？因为这样可以减少热量的散失。对于植物来说，也是这样的。长成矮个子也是对当地环境的适应。如果高山上的植物都长成大高个，热量散得快不说，一阵狂风刮过来，还不得将植物连根拔起呀？"树大招风"就是这个道理哦！

除了根系健壮、个子矮小外，花的颜色鲜艳夺目也是高山植物的生存策略之一。高山上，强烈的紫外线会破坏植物的遗传物质——染色体，于是植物体内产生了很多花青素和胡萝卜素——这是两种色素。也正是因为有这些色素，高山植物的花朵才变得这样绚丽多彩哦！蓝色、紫色、红色、黄色的花朵为高山植物的繁衍做出了巨大贡献。高山上的环境，和寒冷的北极有点像，冬天长、夏天短。好不容易盼来了夏天，盼到了昆虫们的再次出现，植物们可不能含糊，当然要好好将自己打扮一番啦！一个个赶紧展开五彩缤纷的花朵，吸引虫子们前来传粉。如果花朵没有鲜艳的颜色，怎么能提高授粉的效率，繁殖后代呢？

除了这些特点外，为了适应恶劣的环境，有些植物的叶子上、茎上，都有密集的白色绒毛，例如雪莲，以及瑞士的国花——雪绒花。它们就像给自己穿上了一件厚毛衣一样，既可以防风、保暖，还可以减少阳光对它的伤害。

认为雪莲可以做药材，所以为了赚钱，将雪莲拿去卖。生活在野外的雪莲本来就不多，被人们挖掘后就更少了。现在，野生雪莲数量已经很少了，是我们国家的濒危物种，已经被列为国家二级保护植物。

雪绒花

● 每期一问 ●

为什么高山上的植物个子矮小？

对于我们人类来说，有些高山植物可能有一些实用价值，所以人们疯狂地开采它们，科学队长刚刚介绍过的雪莲就是这样一类植物。有些人

参考答案：为了适应高山环境，减少被风吹袭，防止被风刮走。

49

夜来香为什么夜晚发出香味?

● 开门见山 ●

我们每天一到晚上就会犯困，想睡觉，而每天早上到了一定的时间，又会从睡梦中醒来。这是为什么呢？原来，我们身边的环境会发生周期性的变化，身体内的生理活动，也会随着环境的变化而变化，科学家们把这种现象叫"节律"。那么，植物体内有没有这样的节律呢？

● 队长开讲 ●

科学队长
Captain Science

。每天早上起床后，你最喜欢做的事情是什么呢？科学队长比较喜欢去公园里散步，在那里，各色花朵争相开放，令人心旷神怡。不过，

科学队长也常常感到遗憾，因为有些植物的花朵，在大白天不愿意露面，要在傍晚或者深夜才会娇羞地开放。哪些植物的花朵只在晚上露面呢？为什么有些花朵在白天开放，有些又在晚上开呢？

在探索这个问题之前，科学队长想问问，你们有没有注意到这样一个现象：我们每天一到晚上就会犯困，想睡觉，而每天早上到了一定的时间，又会从睡梦中醒来。这是为什么呢？原来，我们身边的环境会发生周期性的变化，例如，夜晚的阳光、温度、湿度和白天很不一样，这些都能被我们的身体感受到，所以我们的身体内的生理活动，会随着环境的变化而变化，科学家们把这种现象叫作"节律"。有时候人们也把这种情

况叫作"生物钟",也就是说,身体内好像有一个时钟,在一天中的不同时间,身体有不一样的状态。

我们的身体有这样的昼夜节律,其实,植物体内也有这样的节律。植物开花的习惯就和这个节律有关。它们会根据周围环境的变化,慢慢形成自己开花的习惯。植物体内的"时钟"甚至比人类的感觉更加准时,什么时候开花,什么时候凋谢,都有一定的规律。太阳花往往在早上10点左右开放,紫荆花一般在下午5点左右开始展现它妩媚的姿态,而待霄草喜欢白天"睡觉"、晚上开花。如果把这些开花时间不同的植物种在一个园子里,整个花园就可以当成一个时钟了,看哪种植物开花了,就知道现在大约是几点啦。

对于植物们来说,除了开花时间有规律外,什么时候放出花朵的香味也不是一件随意的事情呢!说到花香,你们能想到什么特殊的植物呢?很多人会想到夜来香。夜来香是到了晚上才发出香味的植物吗?差不多是这样。那为什么它要到晚上才释放自己的香味呢?接下来科学队长就带大家认识一下这些特殊的植物。

"夜来香"这个名字你们应该听说过,但是,你们知道它具体是指哪种植物吗?其实,夜来香并不是指某一种植物,有好几种植物的别名都叫夜来香呢。

晚香玉

我们先来认识一种叫"晚香玉"的植物吧!晚香玉又被叫作"夜来香",它是石蒜科家族的植物。说到石蒜科你们可能有点陌生,但是水仙你们应该不陌生吧？水仙花和晚香玉都属于石蒜科这个大家族哦？自然生长的晚香玉，在每年的8、9月份会开出白色的花朵，它的花长得有点像小漏斗，有好闻的香味，到了夜晚，这香味尤其浓郁，所以才叫"夜来香"。

植物的花朵之所以有香味，是因为植物体内含有的芳香物质会挥发出来。在白天的时候，晚香玉体内的芳香物质会与其他物质结合在一起，不能挥发；到了晚上，太阳落山了，温度降低，空气湿度也降低了，这时候晚香玉的体内发生了一些变化，使得芳香物质脱离了其他物质，变成了自由的状态，可以挥发了，这样我们就能闻到晚香玉的花香了！

实际上，晚香玉体内的这样一套机制，给它带来了很多好处。因为植物要繁殖后代，就需要授粉。我们知道，很多植物的花朵都是靠昆虫来传粉的，要想吸引昆虫给自己传粉，只能静静等待着的花朵，除了靠鲜艳的颜色、美丽的姿态，它们还有其他的办法吗？对了，散发香味就是好办法。在远处的昆虫如果闻到了喜欢的香味，就会顺着香味找到那朵花。你们看，这不就把昆虫吸引过来了吗？

说到给植物传粉的昆虫，你们是不是会想到蜜蜂和蝴蝶？没错，蜜蜂、蝴蝶是很常见的传粉昆虫，它们都喜欢在白天活动。一般情况下，植物开花的时间和昆虫出来活动的时间差不多，所以大部分的植物都是白天开花。但是，有些植物要靠飞蛾这些夜间出来活动的昆虫传粉，晚香玉就是这样的植物。晚香玉之所以到晚上才开放有浓郁香味的花朵，就是为了吸引夜晚出来活动的昆虫。

另一种叫夜来香的植物也很特别，它又叫"夜香花""夜兰香"，是萝摩科夜来香属的成员。它的故乡在我们国家的华南地区，也就是广东、广西、海南一带。那里白天气温很高，虫儿们都不愿意出来活动。等到傍晚，太阳下山了，天气凉快下来，它们才会陆陆续续出来找食物。夜香花怎么会放过这么好的机会呢？这当然是释放自

🌿 夜香花

己的芳香的好时候了。

除了晚香玉和夜香花,还有一些植物的别名也叫夜来香,例如夜香木、月见草等。这些植物在夜晚释放香味都有各自的原因,不过都是为了更好地适应环境。如果你们有兴趣,可以多去探索探索。

小朋友们,这一期科学队长给你们介绍了植物的节律,每种植物都有自己独特的生活节奏。什么时候开花,什么时候凋谢,什么时候放出香味,都有特定的道理,这就是神奇的大自然!

● 每期一问 ●

晚香玉的花朵为什么会在晚上更香呢?

参考答案:为了吸引夜晚出来活动的昆虫来传播自己花粉。

50

植物都喜欢阳光吗?

● 开门见山 ●

有些植物天生喜欢"晒太阳",如果没有太阳,它们会生活得非常不愉快,叶片发黄、枯萎,有些甚至过不了多久就会死掉。植物学家把这类植物叫作"阳生植物",我们见到的大部分植物都是这样的。不过,有些植物比较有个性,它们不那么喜欢"晒太阳",而是喜欢待在阴凉的地方;还有些植物害怕晒太阳,让它待在阳光下,它会浑身不舒服,这类植物叫作"阴生植物"。对于植物来说,阳光不是能量的来源吗?为什么有些植物不喜欢太阳呢?

● 队长开讲 ●

在阳光明媚的日子,科学队长喜欢走出门去,去感受沐浴在阳光中的大自然:鸟儿在树梢上叽叽喳喳,欢声笑语;小猫咪躺在阳光下的草坪上伸着懒腰;树林里,一棵棵大树为了获得更多的阳光,拼命往上长。阳光让整个世界活泼起来。不过,你们有没有想过这样一个问题:是不是所有的植物都喜欢阳光呢?

有些植物天生喜欢"晒太阳",如果没有太阳,它们会生活得非常不愉快,叶片发黄、枯萎,整天"垂头丧气",有些甚至过不了多久就会死掉,植物学家把这类植物叫作"阳生植物";但还有些植物却害怕晒太阳,让它们待在阳光下,它们会浑身不舒服,这类植物叫作"阴生植物"。对于植物来说,阳光不是能量的来源吗?为什么有些植物不喜欢太阳呢?

咱们先不要急着探寻阴生植物生存的秘密,先来找找身边有哪些这样的植物。这不是什么难事,书桌上的绿萝不就是吗?绿油油的叶子郁郁葱葱地拥抱在一起,看起来秀气而又充满了生气,让人忍不住多看上几眼,把它放在屋子里还能让空气更清新。最关键的是,它一点也不娇气,照顾绿萝是一件比较简单的事情。正是由于这些原因,商店、餐厅等,好多地方都把它当作有生气的装饰品。不信你们出门去看看,毫不费力就能找到它。

绿萝

绿萝是一种典型的不贪恋阳光的植物。它是天南星科的成员,最开始生活在热带地区的雨林里。你们别看家里的绿萝个子不大,在热带雨林里,它的藤蔓能爬上高高的树干,长成大型的藤本植物。在物种丰富的热带雨林里,高大的树木非常多,为了争夺空间和阳光,植物们都一个劲地往上蹿。而在高大树木的下面,灌木、藤本等一些植物也会把空间占满,所以只有少部分的阳光能透过缝隙照进来。长久地生活在这样的环境中,让绿萝适应了没有充足阳光的生活,所以绿萝不那么喜欢阳光。

除了绿萝,我们身边的很多植物都是阴生植物,挂在家里的吊兰,树林下面的玉簪、龟背竹等都属于这一类。我们知道,没有阳光植物就不能进行光合作用,也就没有能量来源,所以很多植物在光照很弱的地方,长得非常糟糕,甚至根本无法生存。那这些阴生植物是怎么存活下来的呢?接下来,科学队长就和你们一起去看看阴生植物和阳生植物的不同之处。

<a id="L3">〔</a>吊兰　　　〔龟背竹

如果把不喜欢"晒太阳"的植物都召集到一起，你们会发现，它们大多数都是绿油油的，这浓绿的颜色就是它们生存的法宝哦！这些植物之所以看起来更绿，是因为叶片里含有更多的叶绿素。叶绿素是一种天然色素，是进行光合作用的必要条件，没有叶绿素，植物就不能进行光合作用了。叶绿素越多，吸收的阳光就越多，大量的叶绿素会拼命地把阳光揽入怀中，这样就算只有一点点阳光，也会被叶片高效利用。

叶绿素又被分为很多种，大部分植物体内含有的叶绿素主要为叶绿素 a 和叶绿素 b。太阳光中有赤、橙、黄、绿、青、蓝、紫七种有色光，不同种类的色素会吸收不同的有色光。和喜欢晒太阳的植物比起来，阴生植物叶片里的叶绿素 b 更多，所以能吸收能量更高的蓝紫光，这样，对于阴生植物来说，不用吸收太多的阳光就可以满足光合作用的需要了。看来，阴生植物在怎么更好地利用阳光上很是下了一番功夫哦！

阴生植物虽然不那么喜欢太阳，不过可不是一点阳光都不需要，让它们生活在太阴暗的环境中，它们也会不高兴的。就像绿萝一样，如果你们把它放在很暗的地方，它的叶片上就会出现好多黄褐色的斑点，告诉你们它生病了，这时候就需要把它挪到更加明亮的地方去。

阴生植物和阳生植物生活的环境，除了阳光的强弱不一样之外，水分的多少也不一样，因为阴暗的地方往往很潮湿，水分充足。这不同的环境，也造就了阴生植物和阳生植物其他方面的差异。

阴生植物的根系一般都不如阳生植物那么发达。因为环境潮湿，土壤中的空隙都被水分占领了，所以空气只能被挤出来。土壤里没有足够的空气，植物的根系就不容易长得健壮了。另外，生活在这样的环境里，轻轻松松就可以得到想要的水分，植物也不需要费尽心思扩张自己的根。

正是因为生活在潮湿的环境中，阴生植物叶片上的气孔也比较多。气孔是植物体上的微小结构，我们人眼一般看不见，要通过显微镜才能看清楚。气孔就像是植物体上的小门，这些小门打开的时候，植物体内的水分会通过它们跑到空气中。而阴生植物不用担心水分的散失，所以气孔比较多，而且常常是打开着的。

和阴生植物比起来，那些生活在太阳底下的植物，则要想办法保住体内的水分，不仅要让根系深入土壤找寻水分，叶片也要武装起来呢！所以阳生植物叶片上的气孔数量，一般不如阴生植物那么多，而且阳光强烈的时候总是会关上气孔，好让水分留在自己体内。这还不算完呢，要想尽情享受日光浴，阳生植物还需要有"过硬的皮肤"，所以阳生植物的叶片表面都有厚厚的角

质层，就好像穿上了铠甲，这可以帮助植物反射阳光，还能守护住体内的水分，不让水分散失得太快。

享受阳光的植物和"躲避"阳光的植物都有各自的生存策略，不过这些策略可不是几年或者几十年就可以修炼成的，这可能需要上万年的时间。有些植物长年累月生活在高大树木的浓荫下，很少有机会得到阳光的青睐；而有些植物从不缺少日光浴，火热的阳光有时候还会伤害它们。这些不同的植物在各自的环境里繁衍了一代又一代，慢慢地就形成了喜欢晒太阳和不喜欢晒太阳的性格了。

● 每期一问 ●

阴生植物为什么不怕没有足够的阳光呢？

参考答案：因为它们的叶体内没有太喜欢叶绿素，不用晒收就有多的阳光就可以满足自体使用的需要了。

51

大豆的根上
为什么会长瘤子?

● 开门见山 ●

　　说到大豆, 你们可能觉得有点陌生, 那黄豆是不是熟悉多了? 其实 "大豆" 的另一个名字就是 "黄豆" 哦! 如果你们去乡下, 把地里的大豆苗拔起来, 会发现一个有趣的现象: 大豆根上有很多圆圆的小球, 而附近其他植物的根上却没有这样的东西, 这是为什么呢?

● 队长开讲 ●

　　豆腐、豆皮、腐竹这些食物你们应该都不陌生吧? 你们知道它们有什么共同点吗? 它们有一个共同的名字——豆制品, 也就是将大豆加工

之后做成的食品。说到大豆, 你们可能觉得有点陌生, 那黄豆是不是熟悉多了? 其实 "大豆" 的另一个名字就是 "黄豆"。如果你们去乡下, 把地里的大豆苗拔起来, 会发现一个有趣的现象: 大豆根上有很多圆圆的小球, 而附近其他植物的根上却没有这样的东西, 这是为什么呢?

　　我们先不要急着探究大豆根上的小球, 先来好好了解下植物的生长过程。植物要从一粒种子长成生机勃勃的植物苗, 还要开花、结果, 整个过程可没有那么容易。我们在成长的过程中, 要想有强壮的身体, 就需要补充很多营养, 所以会多喝牛奶, 多吃蔬菜、水果, 等等。植物当然也是这样。除了水分外, 植物最需要补充的就是化学元素了，其中，对氮、磷、钾这三种元素的需求量最大。每种元素对植物来说都有不同的作用，不管是缺了哪一种，植物都不能正常生长。例如，氮元素就非常关键，如果没有氮元素，植物就没有办法进行光合作用；如果没有氮元素，植物也不能合成氨基酸。氨基酸对于生物来说可是无比重要啊，它可是蛋白质的组成部分哦！

植物要怎样才能获得这些重要的化学元素呢？你们也许已猜到，从土壤里吸收嘛！没错，这确实是植物吸收营养的主要办法。可是，土壤里一定有植物想要的元素吗？当然，肥沃的土壤里一般有比较丰富的营养物质，差不多能满足植物的需要。但是在农业生产上，农民伯伯会在一片土地上不断种上农作物，土壤中原本含有的营养很难满足植物的需求，所以农民伯伯就得给土地施肥。化肥你们应该听说过吧？这是农民伯伯常用的肥料。化肥里含有大量植物必不可少的营养元素。如果在土壤里施一些化肥，能让植物长得又快又壮。

有了化肥，农民伯伯是不是再也不用担心植物的营养问题啦？没那么简单。虽然化肥能快速给植物补充营养，但是也带来了很多新的问题。因为化肥中有些化学元素的含量比较高，所以长期使用化肥后，就打破了土壤原来的平衡状态，让土壤变得不那么适合植物的生长了，同时也影响了土壤里微生物的生存状态。要知道，微生物可以让土壤变得更加肥沃哦！这真是件让农民伯伯头疼的事情啊！

不过，种大豆的农民伯伯就要省心一些了。

大豆苗

👆 大豆根瘤

这是为什么呢？这秘密就在大豆根部的小球上。这些小球到底是怎么长出来的呢？科学队长刚刚说过，氮元素对植物来说非常重要，而大豆自有办法给自己提供氮元素，它根上的小球就相当于生产氮元素的"工厂"。不过，要想建造这样的"工厂"，光靠大豆自己可不行，它还需要小伙伴来帮忙，这小伙伴就是细菌。这到底是怎么回事呢？

自然界中有很多细菌，不是所有的细菌都可以变成大豆的小伙伴，只有一类叫作"根瘤菌"

的细菌才能帮助大豆建造"工厂"。那这些小小的"工厂"是怎么建立起来的呢？原来，根瘤菌一般生活在土壤里，它好像和大豆天生很合拍。根瘤菌能进入大豆的根里面，大豆的根和根瘤菌之间会进行信号交换。当大豆根里面的有些细胞收到根瘤菌发出的信号后，会疯狂地增多，而且会变大，最后就形成了根瘤，就好像根上面长了个瘤子。这根瘤就是科学队长刚刚说过的"工厂"，也就是大豆根上面的小球。根瘤菌就住在这些像小球一样的根瘤里面。

现在，"工厂"已经建造好了，生产氮元素的工作要怎么开展呢？其实根瘤菌和大豆是共生的关系，也就是说它们俩共同生活在一起。大豆可以给根瘤菌提供一些营养物质，而住在根瘤里的根瘤菌会给大豆提供含有氮元素的养料，它们俩在一起互利共赢，谁也不吃亏。

为什么根瘤菌可以给大豆提供含有氮元素的养料呢？要了解这点，科学队长得先带你们认识一下我们身边的空气。你们应该知道，空气里面有氧气，所以我们能呼吸。那除了氧气外，空气中还有什么东西呢？其实，在空气中，只有大约五分之一的体积是氧气，剩下的绝大部分都是氮气。氮气大约占了空气体积的78%呢。要知道，氮气中可都是氮元素，但是，植物没有办法直接利用这里面的氮元素，而根瘤菌可以帮上忙。它可以把空气中的氮气转化成植物可以吸收的含氮养料，这个过程叫作"生物固氮"，也就是说，生物能把空气中的氮气收集起来，并且转化成一种叫"氨"的化学物质，氨里也含有氮元素。植物虽然不能利用氮气里的氮元素，但是有办法利用氨里面的氮元素。所以有了根瘤菌，大豆就不愁缺氮啦！

你们知道吗？根瘤菌可是给我们人类帮了大忙了。它除了可以和大豆建立共生的伙伴关系之外，也可以和豆科家族里的其他一些植物建立这样的伙伴关系。因此，农民伯伯在种植豆类植物的时候，可以少用很多化肥，既节约了成本，还能保护土壤呢！

遗憾的是，到目前为止，只有根瘤菌和豆科植物能共同建造这样高效的氮肥"工厂"，在其他的微生物和植物之间，很难达到这样的效果。所以人们也在不断地研究，希望能想出办法，让其他植物也可以像大豆这样，有自己的氮肥"工厂"。另外，除了想办法通过生物利用氮气外，人们也希望能找到其他办法，好让无处不在的氮气变成肥料。不过，目前还没找到合适的方法，如果你们有兴趣，以后可以多去探索哦！

● 每期一问 ●

是哪一种细菌帮助大豆建立起生产氮元素的"工厂"的？

上期答案：根瘤菌。

52

下雨后，蘑菇为什么猛地冒出来了？

● 开门见山 ●

哗啦啦，哗啦啦！一场大雨噼里啪啦降落到大地上，干涸的土地使劲地喝着水。大雨过后，去小树林里走走，你们会发现有些地方突然冒出了很多打着伞的小蘑菇。下雨之前明明什么也没有的呀，为什么这些小家伙突然就冒出来了呢？这些蘑菇可以直接采来吃吗？

● 队长开讲 ●

科学队长
Captain Science

哗啦啦，哗啦啦！一场大雨噼里啪啦降落到大地上，干涸的土地使劲地喝着水。一阵微风吹来，小树林里的树木伸展着枝条，抖抖身上的

雨水，尽情地享受着雨后的新鲜空气。再看看树木脚下的土地，咦？怎么突然多了一些小家伙，白色的、灰色的、黄色的、褐色的，还有红色的，有的带着圆圆的小帽子，有的好像撑着一把小伞。你们猜到它们是什么了吗？它们就是大家熟悉的蘑菇哦！它们来自哪里呀？为什么会在下雨后突然出现呢？走，跟着科学队长去看看吧！

 菌菇

蘑菇经常出现在我们的餐桌上，很多人说它们是植物，这是不是真的呢？如果在野外，看到有蘑菇立在地上，你们走到它们跟前会发现，它们就像植物那样，不能跑也不能动，而且大多数都生长在土壤里，和植物真的非常像。刚开始的时候，蘑菇确实被划在了植物界中，但是如果你们仔细看看这些小家伙会发现，它们没有叶子呀，而且也从不开花，跟一般的植物真不一样呢！另外，它们的内部结构和植物的内部结构也不一样，所以后来科学家把它们从植物界划出来了，放入了真菌界。

所以说，蘑菇既不是动物也不是植物，而是一类真菌！但是它又不是普通的真菌，因为说到真菌，很多人会想到霉菌和酵母菌之类的微生物。单个的霉菌或者酵母菌非常小，我们的肉眼是看不见的。跟霉菌、酵母菌这类真菌比起来，蘑菇就属于大型真菌了。这类可以食用的大型真菌又被叫作"蕈（xùn）类"。我们平时熟悉的木耳、灵芝、金针菇、香菇，都属于这一类哦！

如果在大雨过后去小树林里走走，你们可能会发现有些地方突然冒出了很多小蘑菇，简直像变魔术一样！要弄明白这个问题，科学队长要先给你们讲讲大型真菌的结构。大型真菌由两大部分组成，即营养体和繁殖体。这和植物有点像，植物有营养器官和生殖器官，根、茎、叶属于营养器官，是给植物提供营养的；花、果实属于生殖器官，能让植物繁殖后代。现在，你们明白了吗？大型真菌的营养体就相当于植物的营养器官，而它的繁殖体就相当于植物的生殖器官。

蘑菇的繁殖体就是我们平时见到的长在地上的部分，所以又叫"子实体"。蘑菇的营养体又叫"菌丝体"，由很多根菌丝组成，它一般藏在地下，我们平时看不到。菌丝体虽然是蘑菇的营养体，但是不能像植物的叶片那样自己制造养分，它只能从别的地方获取养分，维持自己的生命。所以菌丝会在地底下蔓延，扎到土壤中或者木屑中，吸收水分和营养物质，这倒是和植物的根有点像。

当菌丝体长到一定程度后，就要准备繁殖后代啦，这时候会形成很多繁殖体，也就是之前说的子实体。不过子实体刚开始只有一点点大，我们根本注意不到。这时候的子实体正耐着性子等待着好机会，也就是丰沛的雨水。如果遇上了一场大雨，它会使劲吸水，咕隆咕隆吸饱水后，子实体就会迅速伸展开来，就像一块吸满了水舒展开来的海绵。所以我们在雨后去小树林，会看到突然冒出来很多顶着盖子的小家伙。实际上，它们并不是突然出现的小家伙，而是突然长大了的蘑菇子实体！

长大后的蘑菇子实体有各种不同的模样，所以我们去菜市场会看到各种各样的蘑菇。说到菜市场的蘑菇，你们首先想到的是不是它顶部那个像盖子一样的结构？这个就叫作"菌盖"。菌盖有各种各样的形状，有的像一个圆球，有的像一口钟，还有的就像撑开的小伞。菌盖不仅仅有不同的形状，还有不同的颜色，红色、黄色、黑色、白色等，应有尽有。这是因为菌盖表面的皮层里含有很多色素，正是这些色素让菌盖呈现出不同的颜色。

科学队长刚刚说过，子实体是蘑菇的繁殖体，但是它不能开花更不能结果。那蘑菇到底怎么繁殖后代呢？这其中的秘密就藏在蘑菇的"盖子"下面。如果你们跟妈妈去蔬菜超市，可以仔细观察下不同类型的蘑菇。你们会发现：蘑菇的菌盖下面并不像上面那样平滑，而是像合起来的折扇那样，一层层、皱巴巴地叠在一起，这些皱巴巴的结构里面会产生一种叫"孢子"的东西。当孢子成熟后，会脱落下来，掉进周围的土壤里。接下来，这些孢子在条件合适的时候就发育成新的蘑菇，这样，蘑菇繁殖后代的工作就完成啦！

在我们的生活中，蘑菇可扮演着非常重要的角色哦！餐桌上的香菇、金针菇、平菇、木耳等都是蘑菇家族的成员。另外，妈妈煲汤用的银耳、药店里的灵芝也属于蘑菇。其实，除了这些市场上常见的蘑菇，人们还会在下雨后去野外采集新鲜的野生蘑菇。不过，科学队长可要提醒你们啦，不是所有的蘑菇都可以吃哦！很多长在野外的蘑菇可是有剧毒的！我们国家每年都有很多人因为吃了一些奇奇怪怪的蘑菇而中毒呢！

没有专业人士的指导，我们一定不能把不认识的蘑菇采来吃哦！

银耳　　　　　　　灵芝

那什么样的蘑菇是可以吃的，什么样的蘑菇有毒呢？关于怎么识别毒蘑菇，民间和网上流传着一些说法，认为颜色鲜艳的蘑菇就是毒蘑菇。这有一定的道理，很多色彩鲜艳美丽的蘑菇确实有毒，比如毒红菇、鹅膏菌。不过，我们不能单纯用这样的方法去鉴别毒蘑菇，因为很多穿着美丽外套的蘑菇也是可以食用的哦！例如，金顶侧耳、硫黄菌等。而且，虽然有些蘑菇穿着平淡朴素的外套，但也是不能吃的！所以在野外，如果

● 每期一问 ●

蘑菇为什么喜欢在下雨后突然冒出来？

参考答案：因为蘑菇的子实体细胞吸饱了水，伸展开来了。

后记

2016 年秋,"科学队长"即将策划第三批"科学家讲科学"的音频专栏时,有用户向我们提出建议,希望科学队长能带孩子们认识自然界种类繁多的花草树木。于是,我们向钟扬教授发出邀请,希望他能来给小朋友们讲讲植物学的故事。钟老师于百忙之中很快回复了我们的邮件,欣然应约,并且提笔写了一篇小文,回忆了自己童年时"科学启蒙"的趣事,这就是我们这本书的前言部分。

经过一段时间的策划制作,专栏于 2016 年 11 月底正式上线,保持着一周一期的更新频率。钟老师在科研和学术上的繁忙与勤勉众所周知,但是在这个专栏上从无拖延。每有稿件,他总是第一时间审阅回复;每次飞机落地,也都急匆匆跟着编导钻进录音棚,录完排期上的节目,才放心赶往下一个会场……但 2017 年 9 月 25 日凌晨的那一场车祸,让钟老师的声音,在第 45 期上戛然而止。

噩耗传来,平息悲痛的心情,我们决定将钟老师在"科学队长"上的专栏——《植物家族历险记》,免费向所有公众开放,并整理专栏讲稿出版成册,让更多的小朋友和大朋友都能阅读学习,聆听钟老师睿智风趣的科学之音。期待钟老师潜心科研、矢志教育的科学智慧和伟大人格可以感染更多人、影响更多人,希望他的事业可以在我们这个时代更加发扬光大!

需要向各位读者说明的是，钟老师的专栏是团队共同创作的成果，专栏的撰稿团队包括以下老师（人名括号中的序号为本书文章编号）：龚理（1、7、10、18、27），邢悦婷（2、13、22、28、38），周郁楠（3、25、34、37），曹昕玥（4、5、6、8、9、15、16、17、19、26、40），魏茹冰（11、14、21、23、32、33），郗旺（12），李伟元（20、29），卢元（24），李一凡（30、45、46、47、48），殷甘强（31、35），李晓飞（36、43），张淑云（37、41、44、52），姚娟（42、49），曹金水（50），欧阳婷（51）。这些作者都是植物学领域的青年学者，也都有着丰富的科普创作经验，他们为本书贡献了大量的选题和策划建议，并且撰写了各篇章最初的文稿，在此对他们表示衷心的感谢。

同时本书的出版还得到了上海交通大学出版社的大力支持，时任总编辑的李广良先生以及本书责任编辑唐宗先女士为本书的出版策划投入了很多精力，在此也要向他们表示感谢！

编者按：

1. 本书部分图片来 Wikipedia 等网站，请著作权人与唐编辑联系领取稿酬，电话：021-64043097。

2. 本书中的部分篇名在音频节目名的基础上略作改动。

3. 本书音频节目由于钟扬老师意外离世，仅录制了 1~45 期，科学队长平台均已免费开放。